TSMC誘致 光と影の

ITビジネスアナリスト
深田萌絵／編著

かや書房

まえがき

日の丸半導体復興のジレンマ

半導体不足が始まり、かつての半導体立国は政府主導で、台湾大手半導体製造のＴＳＭＣ誘致を決定した。

既に世界の半導体製造の過半を占め、最先端分野では90％以上を独占するこの大企業に対して莫大な助成金を注ぐのは、公正取引委員会が何の調査のメスも入れずに日本政府が世界最大の半導体製造企業に独占的地位を与えるのを許したに等しい。２０２１年当時、既に２８５億ドル（３兆９９００億円）あった手元現金は、２０２２年末には５１６億ドル（約７兆２３８０億円）まで積みあがっていた。年間売上２兆２６３８億台湾元（約９兆８０００億円）、利益は１兆１６５億台湾元（約４兆４０００億円）という巨大企業に対して、瀕死の国内産業を踏みにじり、日本政府は最大４７６０億円という巨額資金をＴＳＭＣ熊本工場に援助したのだった。

日本の大手メディアは、日本は人件費が高いために競争力を失ったと吹聴（ふいちょう）しているが、

ＴＳＭＣという企業がどのようにして高い利益率を維持してきたか、その代償を語る人間は少ない。半導体製造工場は大量の有害物質、有毒物質、発がん性物質や重金属が気体、液体、個体の形態で排出される。それらの物質を無害化するのに、気体や液体は種類ごとにフィルターや除害設備を必要とし、個体は産廃処分費がかかり、その環境対策費用がかなり重たいのである。日本やアメリカは環境を守るために利益を犠牲にし、台湾の半導体製造業をはじめとする企業は利益を優先した。そのため、台湾は河川の約25％、農地の約５％を重度の汚染で失った。人工透析率は人口比で世界首位、肺がん率は北朝鮮に次いでアジア第2位である。中国のＴＳＭＣ工場の周辺住民すら、ＴＳＭＣ建設反対運動を行うくらい酷(ひど)い有り様だ。そして、その杜撰(ずさん)な管理体制から、ＴＳＭＣアリゾナ工場では建設中に2名の死者を出した。ただし、そのような実態を台湾メディアが報じても、日本ではほとんど報じられることはない。それは、日本が報道の自由ランキングで世界68位（２０２３年）、Ｇ７で最低だと評されるのと関係があるのかもしれない。

　日本の報道を見ると台湾での実態を一切語らず、どれだけＴＳＭＣが素晴らしい会社なのかという偏向報道一辺倒だ。日本政府はもろ手を挙げて誘致に勤(いそ)しみ、ＴＳＭＣの日本の責任者が来日するときには、羽田空港まで多忙な国会議員が十数人出迎えに上がるほどの朝貢外交っぷりだ。台湾の環境汚染の実態を調査していないのかと政府や熊本県に問い合わせても、「聞いたことがない」「報道されないので知らない」「ネットのニュースはデマ」と真剣には取り合ってはもらえない。筆者のＴＳＭＣ批判記事が某誌に掲載される予定だったが、それすら政治家の一声で潰された。メディアが広告主に逆らえる日はないだろう。では、頼みの綱の専門家はどうか。

多くの半導体コンサルタントは半導体関連企業から仕事をもらい、それらの半導体企業はＴＳＭＣが最大の顧客であることも少なくない。証券会社のアナリストにしろ、大企業は株や債券、Ｍ＆Ａの顧客ともなるので、企業の闇を徹底的に批判できる立場の人間は数少ない。そのため、環境対策を無視した半導体企業が台湾国民にどれだけの苦痛をもたらしたのかはほとんど知られていない。

こういった話をしても、「日本は先進国なので、環境規制は厳しい」と反論する人がいる。台湾にも日本と同等に環境規制が存在することを知らない人たちの発言だ。環境規制などは、政府と癒着すれば法を改正し、事実を隠蔽し、罰を受けずに済むというケースは枚挙にいとまがない。

日本の環境規制が厳しいといえど、コスト削減のため河川に汚染水を排出したり、産廃物を投げ捨てたりする企業は後を絶たない。証拠を押さえられ、立件されることは稀だからだ。そういった「利益優先」という誘惑に駆られる企業は後を絶たないのが現実だ。

特に『国策企業』に分類されてしまえば、その規制すらゆるゆるになる実態をご存じだろうか。そして、その結果生まれた悲劇がかつての国策化学企業チッソが引き起こした「水俣病」だ。国策企業として経産省がリードを握れば、管轄は「環境省」のみではなく、誘致を実現した「経産省」と「環境省」での合同管轄となる。その体制で自分たち経産省が投資した企業が環境基準を守っているかどうか、厳しく規制していけるものだろうか。こういった構造は「利益相反」と呼ばれるものではないだろうか。さらには、チッソが引き起こした公害による賠償は、チッソに対して政府が資金を貸し付ける形で支払われている。要は、チッソという民間企業が私利を貪り、健康被害は住民、その賠償は政府の力で賄われる。この国では、大企業がひとたび政府と結びつけば、いかなる公害を引き起こしても彼らは何も失わないという構造になっている。

本書は、外資であるＴＳＭＣの誘致についての疑惑、彼らが台湾で起こした環境問題、そして熊本の環境規制対応の杜撰さ、現行の環境関連法が完全ではないということに警鐘を鳴らす。最後に、水俣病を経験した熊本が今後の熊本の環境や市民の健康を守るために何ができるのかということについて提案する。

誰も書きたがらないなら、自分で書こうと筆を執ろうとしたところ、環境問題について意識の高い方々が執筆陣に加わってくださった。その勇気に感謝を申し上げる。

本書作成に当たり、熊本の環境保護の会であるGreen Sustainability Kumamotoの森野ありさ氏、河川の魚を守るために企業と闘った経験のある平野和之市議会議員、元半導体企業子会社社長の竹花顕宏氏にも原稿のご協力を頂いた。章ごとに主要な著者を記名しているが、章内で複数著者のものは小見出しの下にカッコで記名した。また、本書の原稿を書くために、有明海を守りたいという思いから、台湾語で出版された「栄光的代償」の翻訳代金をご協力くださった水産業の社長、一部訳文にご協力くださった商社社員、熊本の環境を守るために日々共にチラシ配りにご協力してくださる地元の皆様、印刷代を協力してくださった全国の皆様などにも心からのお礼を申し上げます。

深田萌絵

※　環境関連法のなかで環境影響評価法（条例）については、呼び方を環境アセスメント、環境アセスなど表記の揺れがあるが、あえて統一せずに残している。

光と影のTSMC誘致

目次

第一章

TSMC誘致の欺瞞

全ては半導体不足の欺瞞から始まった

深田萌絵

２０２１年の秋、「窮地に陥った日本の半導体産業を救う救世主」という鳴り物入りで、台湾政府が大手半導体メーカーＴＳＭＣの誘致を決定したことが発表された。その背景には、２０２１年１月から始まった世界的な半導体不足が原因で、日本国内でもトヨタ、日産、ホンダなどの自動車メーカーの製造ラインが停止する報道が相次いだことにある。この半導体不足は日本の産業に多大なる打撃を与えた。半導体不足のため、２０２１年に計画から減産された国内メーカーの自動車台数はなんと約３２０万台。計画に対して減産となった国内生産台数は１８５万台。減産分を補うために、自動車部品のサプライチェーンで比較的余裕のある中国での生産台数増に踏み切ることに日本の自動車メーカーは生き残りをかけたが、国内産業の空洞化から自動車産業５５０万人の受け皿が縮小するのを余儀なくされることは間違いない。

そんななかで、日本政府がＴＳＭＣを誘致したことの何が間違っているのか、拙著『Ｉ

Ｔ戦争の支配者たち』（清談社Ｐｕｂｌｉｃｏ）で詳細に記したが、最大の理由は、自動車産業を追い詰めた半導体不足の犯人は間違いなくＴＳＭＣだからである。半導体製造の世界において、ＴＳＭＣがシェアの過半数を占めており、先端半導体の分野では9割、車載チップの世界ではその7割を占めている。彼らが供給を牛耳っているといっても過言ではない。その車載チップが足りないのは、小さな工場が原因ではなく、まちがいなく大手が供給を絞ったからだ。ＴＳＭＣは彼らと関係の深い中国系企業や後述するフォックスコンの自動車製造ビジネスを応援するために、日欧米系自動車メーカーへの供給を意図的に絞ったとしか考えられない。日欧米自動車メーカーへの供給が減ったタイミングで、中国製自動車が増産され、前年比の倍以上が出荷されている。世界で半導体不足が起こったから、日米欧の自動車メーカーが減産を余儀なくされているのに、２０１９年に１００万台だった中国の自動車輸出が２０２３年には４００万台を突破する勢いなのである。これが単なる偶然で関係がないという人は、よほどのお人よしか無能、あるいは犯人の一味だろう。

第二に、半導体は工業製品で、農作物や漁業のように自然の天候などのあおりを受けないので、素材などの物資が不足しない限り、計画どおりに生産できるものである。一時、味の素の絶縁体が不足していることが原因だと大々的にメディアで叩かれたが、味の素の担当者に問い合わせたところ、受注した分は計画的に出荷しているため、それが納品されていないというのはおかしいと取材に応じてくださった。その後、不足しているというニュースが事実と異なることについて企業側からも発表がなされた。

物資の不足にも陥っておらず、コロナで一時的に混乱したロジスティクスが回復し、半導体製造ラインに余裕が出始めた後も、半導体不足が継続するのは変だ。特に、2023年からは中国国内で車載向けの半導体チップに余剰が出始め、生産を抑制するほどになっているというのに、余った分が日本やアメリカに流れてこないことは不自然である。

アメリカは、この人工的な半導体不足に関して2021年の時点でTSMCが犯人であることを把握しており、議会のなかでも何度かTSMCが半導体を供給しないことに関して国家安全保障上の問題であるとして批判されていた。筆者の下に欧州の某政府機関の方からも問い合わせが入り、TSMCが同郷の仲間たちと共に半導体供給を絞っている節があるという資料を提出したところ、「この件はアメリカと話し合っていかなければならない」と答えていた。米国政府も欧州も、TSMCが半導体供給を絞ったということについては理解しており、そのため台湾政府に対して何度かTSMCに車載向けの半導体を供給するように交渉している。

筆者も欧米の政府関係者と話し合った内容を日本の国会議員に話して回った。その結果は、欧米の政府関係者からは感謝の言葉で返され、日本の政治家からは公の場で嘘つき呼ばわりされ、雑誌に掲載予定だった記事をつぶされ、そして、口封じのために検察を使って追い込んできた。ＴＳＭＣとは日本の政治家が新たに掴んだ巨大利権だったようで、そこにメスを入れようとする人物は徹底的に潰すぞという態度だった。

この国の政治家は正気だろうか。電卓の半導体チップが足りないわけではない。我が国のＧＤＰの10％、最大の労働人口５５０万人を占める自動車産業において車載半導体が不足し、国内製造が大幅減産となっているのに、半導体不足を引き起こした会社に巨額の助成金を拠出したわけである。そして、その金の実態は単なる「プレゼント」であって、経産省は、ＴＳＭＣは国内企業に優先供給しないと公式回答したのだった。

その半導体不足の犯人を神のように崇め奉り、日本の半導体産業の救世主として血税を注ぐ日本政府の背景については、拙著『ＩＴ戦争の支配者たち』を一読いただければ幸いである。

国家最大の寄生虫

深田萌絵

ＴＳＭＣは日本の半導体産業、国家安全保障の救世主だとでも言わんばかりの論調が飛び交っている。メディアだけでなく、政治家や政治評論を行う人たちまでもが、そのような非現実的な幻想に捉われていることを残念に思う。

大企業は投資家から資金を集めるのにバラ色の中期計画を発表し、政府は国民の税金をバラ撒くのにシュガーコーティングされたプロパガンダを発表する。それを破るのがアナリストの仕事だ。

ＴＳＭＣ誘致は、日本の経済、産業、環境に禍根を残す寄生虫となることを筆者は予見している。それは、ＴＳＭＣが台湾の半導体産業を栄えさせた一方で、一般の台湾人に与えた傷跡の深さからも言えることだ。ＴＳＭＣは台湾の税金、土地や電力など多大なる資源を台湾人から横取りし、工場近辺の住民が健康被害を訴えるのを踏みにじってきた。台湾においてＴＳＭＣは年間７０００万トンの水を消費（２０２０年）し、台湾の水不足に拍車をかけている。電力においては、２０２１年に約１９２億キロワットアワーで台湾の総電力需要の６％、予定通りに工事拡張計画が進行すれば２０２８年には４５０億キロワットアワーで台湾の総電力の13％を消費する。ただし、台湾にはそれだけの水も電力もないので、台湾内で頓挫した工場を日本に建設しよう――第二工場から第四工場までを九州で建設しようとしているわけである。ＴＳＭＣ熊本子会社ＪＡＳＭ第一工場は年間４３８万トンの水を消費するが、これは菊陽町（きくようまち）全体の工場水使用量を超えている。これから誘致される第二工場から第四工場までが、水と電力不足で頓挫した台湾の工場だとすれば、推計で年間９０００万トンの地下水を一社でくみ上げる可能性があるのだ。これが、ＴＳＭＣが台湾の寄生虫だと筆者が呼ぶ所以（ゆえん）である。

ただし、寄生虫のほうがまだマシである。寄生虫は、宿主は殺さないが、ＴＳＭＣは台湾人を死に至らしめる毒をまき散らしている。毒、つまり、重金属、発がん物質入りの排ガス、汚染水、産廃物をまき散らし、そのことが台湾では人工透析を受ける率が世界最高となってしまった一因ではないかと疑われる。同じ台湾人同士で、そんなことができるのかというと台湾人はＴＳＭＣを中国と呼んでいる。創業者のモリス・チャンは、生粋の台湾人ではないからだ。彼は大陸で生まれ育ち米ＩＴで技術を習得し、54歳にして台湾の地に足を踏み入れた生粋の中国人で、台湾とは縁もゆかりもない人物だ。

モリス・チャンの妻・ソフィーの従姉妹は、台湾最大の電子デバイス受託製造業（EMS）フォックスコンの創業者・テリー・ゴウの母だ。世界最大の半導体工場と世界最大の電子デバイス製造工場の経営者が親戚だというのはもちろん偶然ではなく、一族で経営しているからこそお互いに仕事を融通しあって、世界の半導体とデバイス製造を独占する巨人となったわけである。そのフォックスコンだが、2015年に倒産寸前だったシャープ買収に手を挙げたときも彼らは日本のメディアによって「救世主」と呼ばれていた。日本政府がシャープ再建に6800億円の資金を用意していたのを公正取引委員会が潰し、まんまとフォックスコンが買収したのだが、その時にシャープに入った金はたったの3800億円。日本政府が救済に用意した金より、3000億円も少なかったのだ。

買収直後は大幅V字回復で絶賛されたが、それもペテンで、買収交渉中になんらかの形でフォックスコンからシャープに出荷抑制をするように圧力がかかり、買収完了後に一気に出荷したので売り上げが例年並みに回復しただけの話である。日本政府が提示した額より3000億円も少ない資金で再建されたシャープの経営は良くなるはずもなく、中国大陸での安売りで凌（しの）いだためにブランド力は低下して、大陸では「中国製・安物シャープ」

として見向きもされなくなった。期待されていた研究開発への投資は大幅にカットされ、エンジニアたちは「開発資金なしに何をつくれというのだ」と嘆く始末だ。挙句の果てに２０２３年にシャープは２６００億円の大幅赤字を出したのだが、それも原因はテリー・ゴウが間接的に保有していたシャープ元関連会社ＳＤＰ（堺ディスプレイ）の赤字外しのために、シャープにＳＤＰを高値で押し付けたからだ。だからこそ、ＳＤＰがそれまで隠していた不良資産が、シャープの傘下になった瞬間に会計監査が入り、減損処理させられて大赤字を食らったのである。「株の売却益で得られる利益は実質的にテリー・ゴウ、企業の損失は日本に押し付け」という寄生虫を日本人は有り難がっている体たらくだ。

フォックスコンとＴＳＭＣはアメリカでも寄生虫のような活動で、現地のアメリカ人からはかなり嫌われ始めている。テリー・ゴウは、ピーター・ナヴァロ大統領補佐官に取り入り、ウィスコンシン州知事に１万人以上の雇用を約束してウィスコンシン州の土地や税額控除、補助金を得ることになったので、民主党はそれをさんざん批判した。ところが、労働法が厳しいためにフォックスコンはほとんど人を雇わずそのまま約束を反故にしたので、テリー・ゴウはアメリカの政治家からは相手にされなくなった。

ＴＳＭＣはというと、「私たちは中国と闘っているので、アメリカの半導体製造を救ってあげよう」と政治家の間に触れ回り、約80億ドル（1・1兆円）の助成金をもらえると踏んでアリゾナで工場を建て始めた。ところが、アメリカが「助成金が欲しければ、情報を開示しろ」という条件を付けてからは、アメリカの制裁の裏で中国に半導体を提供していることを隠蔽したいので、難癖をつけて書類への署名を拒んでいる。挙句の果てには、もともとはアリゾナの労働組合経由で人を雇う約束をしていたのに、複数の派遣会社を通じて不法移民を安く雇用して労働させている。また、現地の労働者らによると、杜撰な管理で負傷や安全違反が蔓延しており、ＴＳＭＣのマネージャーが予告なく介入しては作業を変更するのも事故の原因だとされている。さらに、労働者たちは、何度も賃金をカットされたり、給料の支払いを拒まれたりしていると報じられている。極めつけは、ＴＳＭＣの関係者が「これから実弾射撃訓練があるから避難しろ！」と指示を出したので、労働者らは慌てて逃げたのだが、それもウソで実際には現場のガス管に誤って穴を開けてガス漏れを起こしたのを誤魔化すためだったというのだ。そんななか、負傷者だけでなく死者まで出したのにＴＳＭＣは、「この工事現場で仕事に関する死者はゼロである」と発表し、しまいには「アメリカの労働者はスキルが低い」と責任を全てアメリカ人のせいにし、台湾から作業員５００人を連れてきて幕引きを図ろうとしているというありさまだ。

雇用を生むわけでもなく、地元の人を雇えば労働法違反、住民の水と電力を横取りし、政府に助成金をたかり、コスト削減で環境汚染をまき散らして巨額の利益を吸い上げる。これが、寄生虫以外なんと呼ぶのがふさわしいだろう。

全てはＴＳＭＣの世界戦略のため

森野ありさ

２０２１年10月、決算説明会でソニーグループ副社長兼ＣＦＯの十時裕樹氏は、「長期にわたる世界的な半導体不足の中で、ＴＳＭＣの日本工場は安定調達のための解決策になり得る」と説明した。また、ソニーセミコンダクタソリューションズ社長兼ＣＥＯの清水照士氏は、「今回のパートナーシップが産業界全体のロジックウエハーの安定調達に寄与することを期待する」としていた。

また、『日経ＸＴＥＣＨ』は２０２３年６月21日の記事の中で、ＪＡＳＭ（ＴＳＭＣ熊本工場）は日本半導体復活戦略の出発点であると報じ、「ＴＳＭＣの日本誘致は、経済産業省の悲願であった」「世界では、スマートフォン（スマホ）のような精密機器の頭脳を担う『ロジック半導体』で微細化競争が進む。だが、日本のロジック半導体工場は時代遅れだ。日本の半導体復権のためには、TSMCのような海外ファウンドリーに工場をつくってもらうしかなかった」としている。

つまり、この一連の熊本県菊陽町のTSMCの誘致は、世界的な半導体不足によって減産に追い込まれている日本の自動車産業に、車載用の半導体チップの安定供給を目指し、さらに日本の半導体産業復活のために行われたと、誰もが考えていた。

しかし、ここで経済産業省の認定特定半導体生産施設整備等計画にあるTSMCの熊本工場の計画概要「Japan Advanced Semiconductor Manufacturing株式会社　台湾セミコンダクター　マニュファクチャリング　カンパーニー　リミテッド」の内容を見ていくと、今回のTSMCの工場の誘致が日本の産業の発展を基軸にしたものではないことが見て取れる。

資料によると、本計画の概要は、以下2点である。

①TSMCは、顧客の要望に応えるため、世界的な視野に立って、研究開発整備・生産拠点整備を進めていく必要がある。日本及び日本の拠点は、TSMCの世界戦略にとって極めて重要。

②日本での取り組みは、日本における先端半導体の安定生産や、日本における半導体産業の活性化にも資する。

つまり、この計画の主要な目的は、ＴＳＭＣの世界戦略のための日本拠点をつくるということであり、日本の産業はおまけのような位置づけなのである。そのうえＴＳＭＣのサプライヤー１６００社が台湾から熊本に押しかけるのだから、日本の中小企業の仕事は横取りされ、技術だけ盗まれ、最後は絞りカスとなって潰されるのがオチである。これに私たちの血税が約５０００億円注ぎ込まれ、地下水、電力、労働力、土地などを奪われ、環境まで汚染されるのかと、怒りを覚える。

また、報道では「微細化競争が進む半導体産業においてＴＳＭＣに工場をつくってもらうしかなかった」はずだが、実際に生産される主要製品はロジック半導体（22／28ナノメートプロセス・12／16ナノメートプロセス）という、微細化競争からは程遠い物なのである。

しかも東京大学公共政策大学院教授の鈴木一人氏は、「米国と違い、日本には〝最先端〟を必要とする産業がない」という。では、「微細化競争のためにＴＳＭＣ誘致が必要だ！」とわざわざメディアで報じ、外資系企業ＴＳＭＣの誘致を強行する必要があったのだろうか。

日本国内の産業が必要としている種類の半導体を、国内の半導体企業が供給できるための資金を拠出することのほうが、日本の産業発展によっぽど貢献するのではないかと思わずにはいられない。

さらに、「特定高度情報通信技術活用システムの開発供給及び導入の促進に関する法律及び国立研究開発法人新エネルギー・産業技術総合開発機構法の一部を改正する法律」が、第２０７回国会（臨時国会）において成立し、令和４年３月１日に施行されたが、この法律によって「事業者による高性能な半導体の生産施設整備等への投資判断を後押しし、国内における安定的な生産の確保に資するよう、高性能な半導体生産施設整備等に係る計画認定制度の創設、認定された計画の実施に必要な資金に充てるための助成金交付、助成金交付のための基金の設置等の措置を講じること」が定められたが、この認定第一号が、ＪＡＳＭであり、最大助成金はなんと４７６０億円である。第二号のキオクシア株式会社の９２９・３億円、第三号のマイクロンメモリジャパン株式会社の４６４・７億円とは雲泥の差である。

さらにＪＡＳＭは助成金の他に、利子補給金（公的金融機関による貸付けや都道府県制度融資に対する利子相当分の助成金）の支給、ツーステップローン（日本政府から日本公庫を通して指定金融機関に貸し付けされ、指定金融機関から事業者に貸し付けが行なわれること）まで希望している。

台湾評論家「ＴＳＭＣは日米の半導体をつぶす」

深田萌絵

台湾の『チャイナ・タイムズ』で興味深いニュースが流れた。

「ＴＳＭＣアメリカ工場の立ち上げ裏話を暴露　専門家がモリス・チャン氏はライバルを徹底殲滅（せんめつ）」という報道だ。

アメリカの商務長官ジーナ・レモンド氏は、チップス法案（CHIPS and Science Act）における５２７億ドルの半導体補助金計画について、特定企業の景気後退への補助金として使われるべきではなく、受け取るのは主にアメリカの経済安全保障を考慮している企業であると述べた。この点について、金融専門家であるファン・シーソン氏は、ＴＳＭＣがこの条件を満たしていると分析し、ＴＳＭＣの創業者モリス・チャン氏がアメリカで工場を設立する目的は、敵であるインテルに致命傷を与え、一掃することであると強調した。

また、金融アナリストのファン氏は、「TSMCが今最も必要としているのは、インテルに対抗するための同盟国アメリカの支持である。なぜならばインテルが受け取る補助金を減らせば、TSMCにとっての利益になるからだ。TSMCにとってお金を稼ぐことは重要ではない。TSMC創業者モリス・チャン氏の本当の目的はインテルを潰すことであり、彼は日本でも、日本の半導体企業を潰すために工場を設立したのだ」と語った。モリス・チャン氏が日本やアメリカに進出しているのは、現地の半導体企業に圧力をかけて徹底的に殲滅するためで、お金が目的ではない。自分たちの支配のためなのだと主張した。

彼の指摘するとおり、上場企業として株主が厳しく目を光らせて見張っているのに、会社経営者が慈善事業で工場を立ち上げられるわけはない。赤字に陥れば、すぐに自分の立場に跳ね返ってくるわけである。TSMCはアメリカでも工場立ち上げを行っているが、アメリカ政府に対しての情報開示が十分ではないために助成金が確定しておらず、自分たちがルールに従っていないにもかかわらず、それに難癖をつけ始めた。そればかりか、アメリカ人労働者に残業代を払うという当たり前のことを嫌がり、アメリカ人労働者に対して批判的な態度を取り、彼らの給与をカットして台湾から労働者を派遣し始めたのだ。

こういったことが外国では普通に報道されているのに、日本国内では報道の自由度が低すぎるためか、いまだに日本の政治家は、「親日のＴＳＭＣは友達だ。救世主のＴＳＭＣのおかげで、日本の半導体は蘇るだろう」という甘い幻想から目覚める様子はない。

いや、欲におぼれただけか。

5G促進法の実態

深田萌絵

我が国の政府は半導体不足を解消しようと言いながら、約５０００億円近いお金を外資に投入しているが、その根拠となるのが「特定高度情報通信技術活用システムの開発供給及び導入の促進に関する法律」、通称「５Ｇ促進法」だ。

半導体不足を解消するのに新世代通信を推進する法律のもとで助成金支給を決定したことが、そもそも奇妙である。

アメリカはチップス法案という名称の半導体製造と科学技術支援に特化した法案を新たに立ち上げて半導体製造支援を決定し予算枠をつくったわけだが、我が国においてはなぜか「5G促進法」の枠組みから拠出されているわけである。

5G促進法は、その名のとおり「5G（第五世代）通信を推進するための法律」で、日本国内で5G通信の導入を進めるために企業に税制上の優遇措置や資金の融投資などを与える法律だ。そもそも5G通信とは何かというと、米CIA元長官にスパイ企業と名指しされ、情報漏洩を警戒する米政府から使用禁止にされた中国大手通信企業ファーウェイのための規格といってもかまわないものだ。通信速度は事前に宣伝されていた4G比較で「10倍」なんてことはなく、中国通信事業者は「通信速度は実質的にあまり変わらないのに、消費電力が倍以上になった。5G通信はファーウェイのペテン」と嘆くほどである。

その5G通信やローカル5Gを企業が導入したら5G促進法の下で税額控除や特別償却30%までも適用し推進するということは、アメリカで導入が禁止された中国企業ファーウェイを日本国民の税金で支えるのも同然なのだ。

そのカラクリは、特許である。5G通信に利用される「標準必須特許」の多くをファーウェイが占めているのだ。そうなると、以前は導入企業が払う必要のなかった5G通信機器に利用されているファーウェイ特許の使用料を、機材購入時に払わなければならなくなるという事態が発生している。メーカーがファーウェイに払う特許料だったのが、ファーウェイが５Ｇ通信機材を購入する企業に対して、後から請求してくるのだ。

特許料に関して言うと、ファーウェイの発表ではスマホ一台当たり最大２・５ドル、『日本経済新聞』の報道では５Ｇ通信機器を購入した中小企業に対して最大50円程度の特許使用料を払うように通知したようである。日本国内では既に１０００社以上の中小企業がこれまで払う必要がなかった特許料を払うように迫られているという次第だ。

米制裁でファーウェイが製品という形態で売上がなくても特許収入が得られるように、日本政府は５Ｇ通信機材販売を税制優遇や投融資で推進したということだ。

5G促進法で半導体投資の意味

深田萌絵

この５Ｇ促進法はファーウェイのための法律で、この枠組みの中で助成対象となるのは「特定半導体」である。特定半導体とは、５Ｇ通信や高高度通信技術を用いた半導体チップのことを指すので、ファーウェイの５Ｇ通信用チップを製造するために経産省は法律を悪用して血税を投入したと言える。２０２０年、半導体不足は起こったが不足しているのは車載のマイコンなどで、通信チップではない。経産省や当時の経産大臣・萩生田光一議員は、もともと半導体不足を解消する気がなかったのではないかと疑ってしまった。

それは、半導体不足でもっとも打撃を受けているのは通信産業ではなく、自動車産業だからだ。それなのに半導体製造への助成金拠出の法的根拠が５Ｇ促進法であって、自動車産業促進法でも半導体製造促進法でもなかった。深刻に不足している車載マイコンチップとは関係のない「特定半導体」と呼ばれる通信チップのみに税金が流れるように限定した。

なぜ、そうなってしまったのかというと、５Ｇ促進法の第二条における「特定半導体」の定義が関係しており、文言は以下である。「この法律において『特定半導体』とは、特定高度情報通信技術活用システム（第一項第一号に掲げるものに限る。次条第二項及び第二十八条において同じ。）に不可欠な大量の情報を高速度で処理することを可能とする半導体であって、国際的に生産能力が限られていることその他の事由により国内で安定的に生産することが特に必要なものとして政令で定める種類ごとに政令で定める性能を有するものをいう』」。

要は、ファーウェイが設計した５Ｇ通信のためのチップを国内で安定的に生産することが目的であるとされている。また、この法律に基づいて補助金を受けた事業者に、国内向けに優先的に出荷する義務は課されていない。経産省によると、「この法律においては、半導体の需給が逼迫(ひっぱく)した場合には、増産を含む国内における安定的な生産に資する取り組みが行われることが認定の要件」とし、国内生産増が目的であって、国内供給することは目的ではないし、国際協定のために国内企業に優先的に供給することも禁止されているという。

こうやって、国内生産減産で雇用とＧＤＰに跳ね返る車載マイコン増産に経産省は資金も出さず、深刻な不足が見られないチップの製造に税金を突っ込んだ。そして、米国から禁止されたファーウェイの特許収入を支えるための半導体製造を日本が担う役割を果たす仕組みに組み込んだ。このカラクリの根源は、萩生田元経産大臣が推進したためである。

結局、認定された事業所がＴＳＭＣ、マイクロン、キオクシアで、６１７０億円の助成金の全てが外資に流れたのだった。大規模なお金はすべて外資に流れていき、火事で支援を必要としていたルネサスや旭化成の車載チップ工場への助成金の支給決定はＴＳＭＣへの助成決定から2年も過ぎてからだ。

車載チップ製造の70％をＴＳＭＣが牛耳るおかげで、国産車の中で人気のある車種が2、3年待ちになっている。半導体が不足しているために国内生産ができない状態になっており、自動車メーカーは工場をチップが余っている中国に移転し始めている。そして、人気車である「ホンダ・オデッセイ」は中国産となったのだ。認定企業がＴＳＭＣ、マイクロン、キオクシアだけになったのも、この法律ができる瞬間からこの3社にしか金が流れないように「縛り」を入れていたためである。

出来レースのＴＳＭＣ助成金

深田萌絵

ＴＳＭＣ誘致はロクに審議もなく民主主義的な情報公開もなされず、透明性の低い密室で取引が決まった出来レース案件だと筆者は見ている。

２０２１年1月末ごろに半導体不足のニュースが流れて数カ月も経たないうちにＴＳＭＣに助成金を拠出することが決まっていた。同年3月時点で台湾プロジェクトチームの自民党議員らがＴＳＭＣ誘致に成功しそうだと動画で発信をしていたが、半導体不足の報道から1カ月ちょっとでＴＳＭＣ誘致の話が決まっていたというのは、いささか奇妙だ。

なぜなら、誘致するならば、何の法律の下で予算をどうするのかという審議を重ねなければならないからだ。決定までには、早くて半年、長ければ何年もかかる。現にアメリカでは、半導体製造に助成金を出そうと決めてから、法案を作って予算を通すのに一年以上かかったわけである。

　実は、ＴＳＭＣを日本に誘致しようという動きは半導体不足が報道される数年前から始まっていた。ＴＳＭＣを実質支配しているのは焦佑鈞（しょうゆうきん）という外省人（がいしょうじん）（中国系台湾人）で、ＷＩＮＢＯＮＤ（ウィンボンド）と新唐科技（ヌヴォトン）という半導体企業の創業者だ。その焦佑鈞の子会社が新横浜にあり、そのオフィスを利用していた半導体コンサルタントが暗躍している。パナソニックの子会社ＴＰＳＣｏを新唐科技に売却するときにもロビイ活動に従事していたその人物は、ＴＳＭＣの誘致にも絡んでいる。彼が２０１８、９年ごろから経産省にＴＳＭＣ誘致を持ち掛け、官僚は乗り気になっていたのだが、経産大臣が首を縦に振ってくれないという愚痴を漏らしていたという話は半導体エンジニアの間で出ている。ところが、その半導体コンサルタントは、萩生田光一議員が経産大臣になった瞬間にそれが決定したと喜び勇んでいたというのだ。

　国会でろくに審議もせず、経産省が出してきた５Ｇ促進法改正で拠出する半導体製造強化に対する助成金の対象は「ＦｉｎＦＥＴ」と呼ばれる技術を持っている会社のみと縛ってきたのである。ＦｉｎＦＥＴという技術は、主にＴＳＭＣが得意とする技術で、日本企業はあまり使っていないことは半導体産業に従事する人なら誰でも知っている。逆に業界でＦｉｎＦＥＴといえば、ＴＳＭＣのことを指すくらいだ。そういったことを勘案すると、経産省はもともと特定半導体製造強化への助成金の拠出において、ＴＳＭＣなどの外資だけを対象とし、国内企業を排除する意図があったということだ。日本政府は半導体問題に関する審議を開催し、「日本は能力がないから半導体製造分野で凋落した。日本は半導体を製造する能力がない」と専門家に言わせて茶番劇を繰り広げ、自ら日本の半導体製造業を強化する策は一切練らずに、独占禁止法に抵触しても世界最大手企業に、莫大な助成金を流すという行為に踏み切ったのである。

実は、２０２１年10月、閣議後の記者会見で萩生田元経産相は、ＴＳＭＣが日本での工場建設を発表したことを受け、「今後の経済対策で、複数年度にわたる支援の枠組みを構築したい」と述べている。そして、この翌年3月に「特定高度情報通信技術活用システムの開発供給及び導入の促進に関する法律及び国立研究開発法人新エネルギー・産業技術総合開発機構法の一部を改正する法律」が施行され、ＴＳＭＣへの多額の助成金が決定した。つまり、この一連の法改正は政策の要件に合致する企業を募って助成金を決定するというプロセスを踏んでいたわけではなく、そもそもの出発点からＴＳＭＣに日本の税金を捻出するための改正だった。外資系の一企業のために法律まで改正してしまったのだ。

さらにこの会見の際、「国内企業に優先出荷する義務を課す」「日本から撤退する場合は補助金を返してもらう」方向で経産省はＮＥＤＯ（国立研究開発法人新エネルギー・産業技術総合開発機構）に基金を設けるという話であった。しかし、後述するように、実はＴＳＭＣに対して国内企業に対する優先供給義務はウソだったことが明らかとなった。

国内企業に優先供給されない半導体

深田萌絵

半導体不足で日本の自動車メーカーが減産を余儀なくされている。パンデミックが始まる前の２０１９年から比べて２０２２年の自動車生産数が約３２０万台減少している。これは日産一社が消えた程のインパクトであり、売上規模にすれば3兆円以上が消えてしまった。その分のシワ寄せが雇用にも来ているはずだが、不思議と経産省はそのあたりを気にも留めない様子である。

日本政府は半導体不足だからという建前で、ＴＳＭＣに助成金を出して誘致をしたのだが、ＴＳＭＣ熊本工場（ＪＡＳＭ）が製造する予定の半導体チップは自動車メーカーが必要としている車載チップとは別のチップであるというのがまた奇妙である。本当に、日本政府は半導体不足問題を真摯にとらえ、自動車産業が抱える調達問題を解決する気があるのかどうか疑問を抱かざるを得ない。そういった疑問に対する答えになるのが、参政党の神谷宗幣議員の質問主意書だろう。

第２１１回国会において神谷議員が提出した質問主意書「半導体政策の立案・決定プロセスについて」では、経産省がＴＳＭＣを誘致した理由が半導体不足解消のためではなかったことが見て取れる。

それによると、神谷議員が以前に、２０２０年末から現在まで続く車載半導体不足が、日本のＧＤＰにどのような影響を与えるか、具体的な試算について経産省に問い合わせたところ、「車載用半導体の供給不足は近年の自動車生産の減産要因の一つと承知しておりますが、自動車メーカーの生産活動は様々な要因に影響されることから、車載用半導体の供給不足による影響を定量的にお答えすることは困難」との回答だったそうだ。

経産省は、半導体が不足しているから、そこに税金を投入するという体裁を取ってきたのだが、神谷議員の問い合わせに対しては「自動車は減産しているが、半導体不足が原因かどうかは不明である」と回答したわけである。半導体不足が原因で自動車が減産になったということは、世界中で報じられ、米商務長官も指摘している。そもそも経産省が半導体不足を認識し、そのためにＴＳＭＣを誘致し、自分たちの調査で自動車は３２０万台以上減産したという数値を出したのに、矛盾にもほどがある。

神谷氏の質問主意書では、「ジーナ・レモンド米商務長官は、２０２０年３月15日、ブラウン大学の講演において、車載半導体不足の国力に与える影響について、『自動車産業は半導体不足により（２０２１年は）計画よりおよそ８００万台減産し、その結果、約２１００億ドル（27・５兆円）の減収となった。一部の推定によると、半導体不足がなければ、アメリカの年間ＧＤＰの成長は今よりも１％高かっただろう』と語り、民間では、第一生命経済研究所経済調査部が２０２３年２月13日付けのエコノミックトレンドで『コロナ以降の自動車工業の減産により、波及効果も含めた付加価値は２０２０年以降、累計でＧＤＰをマイナス８・６兆円押し下げてきた』と発表しており、半導体不足による自動車減産の、日本経済への影響の定量的な分散分析が行われている。米国政府や我が国の民間シンクタンクが半導体供給不足の影響を数値で分析して示し、政策を戦略的に検討しているにもかかわらず、日本政府と経産省がそれをできないとしているのはなぜなのか、示されたい」と指摘している。それに対し、政府は「ご指摘の米国政府や我が国の民間シンクタンクの分析については、様々な仮定を置いて行われたものと承知しており、その具体的な手法については承知していないが、自動車の生産は各種の部品の需給その他様々な要因に影響されることから、半導体の供給不足が自動車の生産に及ぼす影響について定量的にお示しすることは困難である。なお、自動車産業を含む国内産業への半導体の安定的な供給に向けては、半導体の国際的な需給の動向等を適切に把握しつつ、国内の製造基盤強化に向けた補助金による支援等の施策を戦略的に講じてきているところである」と回答している。

これは、民間が調査した半導体の供給不足が自動車の生産に及ぼす影響と自動車の減産について関係があるのかについて、政府は知らぬ存ぜぬ、半導体不足は把握しているから国内で半導体製造を強化するために補助金などを出しているのでそれで満足しなさい、という回答なのだ。それでは、日本企業に優先的に供給してくれるのかという神谷議員の質問に対しては、「国内企業に優先的に半導体を供給することは国際協定上難しい」という趣旨の回答をしたのだ。２０２１年時点で税金をＴＳＭＣに拠出する代わりに国内供給を義務付けるという経産省の話は真っ赤なウソだったということだ。このペテンの責任者は、間違いなく元経産大臣の萩生田光一氏である。

政策ガバナンス不足が半導体不足を生む　森野ありさ

参政党の松田学氏は、神谷議員の質問主意書に関して、２０２３年7月24日に同党の公式ＹｏｕＴｕｂｅにおいて、「いろんなシンクタンクが試算を出しているなか、日本政府、経産省が試算を出せないというのはなぜか」「様々な要因があることは当たり前で、そのなかで何らかの目安を示してほしいのだが、答弁がおざなりだ」と指摘している。

５Ｇ促進法の目的が「国内で安定的に半導体を生産すること」ならば、「生産技術が保持でき、次世代技術開発が可能である国内企業」に補助金を出すべきなのではないか、「外資系企業を支援することは、競合する国内の半導体企業の競争力を阻害する」のではないか、という質問に対して政府は、「『国内企業』の意味するところが明らかでない」「法は、認定を受ける事業者がいずれの国の事業者であるかを問うものではない」とし、要件に適合すれば外資系企業は排除できない、とした。また、松田氏は、「元々この5G促進法の目的は、国内で（特定半導体が）安定的に生産されることが目的だ」「この法律による支援対象企業は生産技術が保持できて、次世代技術開発が可能である国内企業でないといけないはずだ」「（現在、支援対象企業となっている）3社とも全て外資系企業で、生産技術を日本国内に保持するという保証はないのでは」とし、政府の回答について「担保がない」「技術が日本国内に保持されることを保証する答弁になっていない」とした。

さらに、神谷議員が「国内企業への優先的な供給に対し拘束力を持ったスキーム」が必要だとし、政府の見解を問うたところ、「法は、認定を受けた事業者に国内向けに優先的に出荷する義務は課していない」「需要が逼迫（ひっぱく）した場合における増産を含む国内における安定的な生産に資する取り組みが行われると見込まれること等を認定の要件としている」と回答している。

松田氏は「国内の半導体供給が逼迫した際に、そこに優先的にＴＳＭＣなどが供給するということが担保される仕組みが必要だ」とし、「ＴＳＭＣはファウンドリーであり、ファウンドリーという立場は半導体の購入企業を自分で選ぶことができるわけではなく、あくまで言われたら生産するという立場」「そういうＴＳＭＣに日本の税金４７６０億円の巨額投資をしても日本の国内企業に半導体が納入されて、必要な局面で日本の産業を支えるかどうかは全く不透明じゃないか」「経済安全保障という観点からそういうもの（拘束力を持ったスキーム）が必要だ」と強調した。そして政府の答弁に対して、「(見込まれること等を認定の要件としても）担保されないじゃないか」と苦笑した。また、政府の発想の根底にあるのは「市場経済自由貿易」であるが、経済安全保障はそれを超えた理屈であり、自由貿易に任せたら国家の安全が保障されないと述べた。また、国民の血税を使うなら経済安全保障を担保する仕組みであるべきであり、政府は自由貿易の原則論から脱却すべきだと指摘した。

そして、神谷議員の「『５Ｇ促進法』では、我が国における産業の国際競争力の強化や、産業の発展に資するということが掲げられているが、ＴＳＭＣなどの外資系を支援すると、日本国内の競合する半導体企業の競争力を阻害することになる。そうすると、この法律の基本理念に矛盾するのではないか」との質問に対し、政府は「御指摘の事業者に係る計画の認定についても、我が国における半導体関連産業に集積や人材の育成などに資するものであり、同項の考え方に沿っているものであると考えている」のだという。

松田氏は、「要するに、外資が一生懸命やると、間接的にこういった国内の人材の育成につながると言っているが、非常に間接的だ」「この答弁を見ても、お互いに競合し合うことになることは否定していない」「競合して日本側が潰れてしまったら元も子もない」と指摘した。そして「本来は日本がきちっと技術開発して、国産の技術で世界に対抗できる半導体技術を育成しなければいけないのに、そのことが前面に出てこない」「外国を入れて競争したら日本も刺激を受けて人材が育成されるだろうという発想に、私は兼ねてからこの発想自体に疑問を持ち続けてきた」「必要なのは競争よりも協調しあったり、協働したりしながら日本全体の半導体の力を強めていこうということだ」「それを国内のイニシアティブで行うことが基本だ」と述べている。

さらに神谷議員は、「供給が不足している40ナノメートルクラスの車載半導体の大半は『特定高度情報通信技術活用システムに不可欠な半導体』には該当しないため、5G促進法の支援対象にならないと解釈されるが、その理解は正しいか」と問うた。日本の産業の発展のために本当に支援して欲しいのは、微細な半導体ではなく、日本の車産業に必要なレガシー半導体と呼ばれるものだ。つまり、「5G促進法」はそもそも日本の基幹産業である車産業への半導体の供給を安定させる機能を持っていないのではないかと問うているのだ。

政府は、「演算を行う半導体の生産について特定の材料を用いて行うこと等を求めている。ご指摘の『レガシー半導体』に係る生産施設の設備等に係る計画が法に基づく支援の対象となるかについては、これらの要件を満たすかを個別に判断する必要があると考えている」と回答した。松田氏は、「対象になるのか、ならないのかを聞いているのに、よくわからない」「なるんだったら『なり得る』とはっきり言ってくれれば良いし、ならないなら『こういう理由でならない』と言えばいいのだが、よくわからない答弁だ」とし、「個別に判断して該当するなら支援するということだが、それならばきちっと対応してもらわないと困る」と指摘した。

加えて、神谷議員は、今回の政府の５Ｇ促進法の支援対象であるＴＳＭＣなどが国内工場で生産する特定半導体は、「世界的に需給バランスが逼迫」しており、「今後も長期的に逼迫が予想されるものでなければならない」とし、経産省に対して「半導体の日本国内と世界の需給バランスのデータ」について問い合わせた。その結果、経産省は「データを保有していない」と回答した。政府は「特定半導体の需給状況を把握していない」というのだ。

神谷議員は、２０２２年に半導体は供給過剰に転じていると指摘し、特定半導体が供給過剰になった場合の対応策を問うた。政府の見解は、「『供給過剰』の意味するところが必ずしも明らかでない」とし、『対応策』に関しては、仮定の質問であり、お答えすることは差し控えたい」「一般論として申し上げれば、特定半導体については、事業者が需給の動向を適切に踏まえつつ生産を行い、国内で安定的に供給されることが重要であると考えている」と回答した。

松田氏は、次の疑問が出ると指摘した。第一に、「5G促進法」の趣旨から逸脱しているのではないかということだ。税金を使って外資系企業を支援して、余剰な半導体を製造させていることになるのでは、という疑問だ。第二に、世界の需給バランスに関するデータを把握することなく政策決定をしているのか、おかしいのではないか、というものだ。そして第三に、現状の政策で量産が進められている特定半導体が、情勢の変化で長期的な供給過剰になった際には、どんな対応策を考えているのか、ということだ。松田氏は、補助金は供給過剰のものにではなく、需給が逼迫しているものに対して支援するのが筋ではないか、と指摘した。そして、政府の弁明に対しては、「誘致されている外資系企業の生産に委ねるというか、判断に任せるということだが、彼らが過剰生産してしまうとなると、日本の税金が余計なところに使われることになる」と述べた。

要するに、政府は生産技術が保持でき、次世代技術開発や人材育成が可能な国内企業ではなく、外資系企業に約５０００億円という補助金を国民の税金から差し出し、さらにＴＳＭＣが国内企業に優先的に半導体を供給することも強制できない。そして、半導体が過剰供給状態になっても対応策を持っていない。企業の判断に委ねるということなのである。

松田氏は最後に、「外資を優遇するあまり、政策ガバナンスが不足している」「政策の効果をきちっと担保する仕組みが不足している」「血税が海外に流れる仕組みができちゃってるな」とくくったが、国民の税金を差し出す以上は政策にガバナンスが求められるのは当然の指摘だろう。

ＴＳＭＣ熊本工場では台湾人と日本人に待遇差

森野ありさ

経済産業省は、ＪＡＳＭだけで直接雇用１７００人を含めた７５００人の雇用効果があるとし、熊本県や九州に半導体関連産業の進出が相次げば、大きな雇用効果が見込めるとしている。

しかし、『ＤＩＡＭＯＮＤ　ＯＮＬＩＮＥ』によると、実際にＴＳＭＣが欲しい日本人人材は、作業員以下レベルだけなのではないかという。つまり、ＴＳＭＣの熊本工場では、半導体産業の将来を担うハイスペックな人材ではなく、「安い労働力」としての人材の供給だけを期待されているのだ。同記事内では、年収２０００万円以上がＴＳＭＣで働く台湾人の平均的な年収であるが、日本人採用でそのレベルを超えることは難しいだろうと言及されている。

実際に、ＪＡＳＭが直接雇用する１７００人のうち台湾のＴＳＭＣからの出向者が約３００人、ソニーからの出向者が約２００人である。新たに採用する日本人約１２００人のうち１０００人程度はアウトソーシング企業が供給するワーカー採用になると見られ、相対的には低賃金労働者だ。残された日本人枠の１００〜２００人は、新卒・中途採用でまかなうとしているが、採用される人材は英語で台湾人とコミュニケーションを取れるということが重要視されており、半導体産業への知見が重視されているわけではないという。

つまり、将来、日本の半導体産業に貢献できるような日本人が育っていく見込みはないのである。

さらに、半導体製造業界は世間で期待されるほどの雇用を生み出さない。事実、最大手の半導体製造企業であるＴＳＭＣの従業員はわずか約５万人で、台湾の雇用者数

１１４６万人の０・４％に過ぎない。日本のトヨタは36万５０００人、自動車産業全体で５５０万人の雇用を生み出していることからも、半導体製造の雇用創出効果は決して高いものではないことがわかる。

九州の限られた土地のなかで、電気や水を大量に消費し、甚大な環境汚染を生み出すＴＳＭＣの工場を誘致するために、他の産業がどれほど犠牲になるのだろうか。台湾においては半導体産業発展のためにエネルギー政策、資源のコントロール、低価値（と台湾政府が言及する）産業の段階的な廃止や転換などが必要だと、各界の有識者の間で言われてきた。これは熊本や九州においても起こり得る問題である。台湾のように他産業が電力を横取りされ、水資源を奪われ、そして汚染によって農業や漁業は壊滅的な影響を受けるだろう。そして半導体製造産業は、立ち行かなくなる産業で失われた雇用をカバーするほどの雇用を生み出せるのかどうかも甚だ疑問である。

アメリカが危惧する「超ブラック」企業文化

森野ありさ

アメリカの『フォーチュン』誌によると、ＴＳＭＣの従業員のあまりに劣悪な勤務状況が、米国の現従業員や元従業員からの情報で問題視されている。現従業員、及び元従業員が匿名で企業をレビューする米国のウェブサイト『Ｇｌａｓｓｄｏｏｒ』によると、「就労者たちは1カ月連続、オフィスで寝ていた」「一日12時間勤務が（ＴＳＭＣでは）常態化していて、週末も働くことが一般的だ。ここでのワークライフバランスがいかに残酷であるか、言葉では言い尽くせません。」「ＴＳＭＣは服従を目指しており、米国（のワークライフ）に対応する準備ができていない」という。

『Ｇｌａｓｓｄｏｏｒ』によると、全91件のレビューのうち、ＴＳＭＣの支持率はわずか27％であり、他の人にＴＳＭＣでの勤務を勧めるレビュアーは3分の1未満であった。このサイトでインテルのレビューが数万件、支持率が85％であることから見ても、ＴＳＭＣの就業環境は決していいものではないと想像できる。ＴＳＭＣの過酷な社風によって、米国ではアリゾナに新設する2つのファウンドリーで従業員を雇用することが困難になっているようだ。

台湾の従業員たちにとっても労働環境は、快適とは言い難いようだ。台湾のＴＳＭＣで5ナノメートルのチップをつくるエンジニアとして長年働いてきたジョーイ氏（仮名）が

『フォーチュン』誌に語った内容によると、「ＴＳＭＣでは（仕事関連の問題について）エンジニアか次長クラスの従業員が、部門長に意見することは可能かもしれないが、マネージャーたちが上層部に意見することは不可能だ。そんなことは絶対にできない」というのだ。ジョーイ氏は、報復を恐れてニックネームのみで取材に答えたという。ジョーイ氏によると、上司は残業を申請する労働者を叱責する。そのため、ほとんどの労働者は膨大な仕事を終えるために残業を余儀なくされているが、その分の支払いを求めることができないようだ。『フォーチュン』誌は米国を拠点とする数人の新入社員と台湾を拠点とするエンジニアに取材依頼をしたが、ＴＳＭＣの厳格なプライバシーポリシーと報復への恐れを理由に、全員が取材を拒否したという。

８万５０００人が参加する台湾のＴＳＭＣの現従業員と元従業員のためのＦａｃｅｂｏｏｋの非公開グループのメンバーは、「私たちの給料は（一日）10時間分のみであるが、私たちは仕事が終わるまで帰れません。そしてそれを申請したことは一度もありません」と書いている。

台湾の国立屏東大学の会計教授で、半導体産業の専門家である周國華氏は、ＴＳＭＣの優位性は「上司と部下の間の明確な階層構造」と「高度に規律のある」労働文化による部分も大きいという。つまり、従業員が上下関係の厳しい環境で、企業に絶対服従することでＴＳＭＣは成長してきたということである。

ＴＳＭＣの劉徳仁会長は、米国人従業員たちの不満に対し、「管理方法に間違いがないかチェックするが、この業界は高い給与ではなく、業界への興味が重要だ。勤務する気がないならこの業界に入るべきではない」と述べた。これは台湾のネット上で話題となり、「アメリカ人は世間知らずすぎる。（半導体）ファウンドリーとはこういうものだ」「肝臓を売りたくないならＴＳＭＣに来るな」と書き立てた。

日本は自動車産業を諦めるのか

深田萌絵

ホンダが人気車『オデッセイ』の日本での製造ラインを閉鎖し、完全に中国へ製造を移管するというニュースが流れた。筆者は何年も前から、日本は自動車産業を中国に乗っ取られると警鐘を鳴らし続けてきた。国内生産台数は１８５万台が減産となったうえに、ジャパン・ブランドの人気車種がメイド・イン・チャイナとなる。恐れていた日が、いよいよやってきたと感じた瞬間だ。

ホンダは埼玉工場でのオデッセイ、レジェンド生産を完全に中国へ移転した。２０２３年秋以降は、広州工場からＨＥＶ車「ODYSSEY e:HEV ABSOLUTE・EX BLACK EDITION」として逆輸入で日本に入ってくる。半導体不足から長らくホンダは中国系電子商社から苛（いじ）め抜かれた。車載チップをこれまでの十倍から数十倍以上の価格で買わされ、採算が合わなくなるかもしれないと購買部門を悩ませ続けた。経営陣は、「それなら、国内で生産するのをやめて、車載チップが余剰している中国でつくればいいじゃないか」と、あっさり国内ラインを閉鎖して中国に移管してしまうことを決定した。長年、ホンダの自動車製造に誇りを持ち従事してきたエンジニアたちは、この経営陣の決定に落胆し、半導体不足に実質的な手を打たなかった日本政府に対しては不満を抱いただろう。ゆくゆくは、ホンダは四輪車の国内製造部門を売却してしまうのではないか。そういった観測がアナリストの間でも浮上している。欧米では既にＥＶ車から内燃機関車への回帰の兆しが見えているのに、いまだに日本では「世界ではＥＶ車にシフトしているのに、日本が遅れている」という周回遅れの報道を流し、政治家がさらに周回遅れの政策を立ち上げようとしていることには頭が痛い。

こうやって国内での内燃機関車製造を諦め始めているのは、ホンダだけではない。トヨタや日産などの企業でも始まっている。半導体が調達できないなら、ＥＶ車は中国で製造しても遜色ないものができるレベルになったという流れになっている。それはＥＶ車はガソリン車よりも製造が簡単だからだ。

世界は、車載半導体製造の７割をＴＳＭＣに依存している状態で、筆者は２０１５年から何度も自動車メーカー社員に対して「ＴＳＭＣが半導体供給を絞ってくるので、半導体製造の内製化を行うべきである」と話をして回ったが、力及ばずだった。

そもそも、日本がＥＶ車で遅れているという報道自体が誤りだ。ＥＶ車は日産が一歩前を行く技術を持っていたし、車載用リチウムイオン電池はパナソニック、ＥＶ車用の車載パワーマネジメントチップはパナソニックの半導体を担うＴＰＳＣｏが持っていた。ＥＶ車の技術自体は持っていたが、日本のメーカーはＥＶ車の安全性について慎重になっていたのと、実需が弱いので二の足を踏んでいたただけだ。メディアで宣伝されるほどＥＶ車は人気がないのである。漏電の問題、リチウムイオン電池の電解液が可燃性でショートすると燃え始めてしまうという欠点を補い切れていないままに展開するべきなのか、ハイブリッドで十分なのではないかという、メーカーとして、エンジニアとしての良心が彼らにブレーキを掛けたのだろう。

そんななか、日本の自動車メーカー、バッテリーメーカーや半導体企業はことごとく中国にＥＶ車の技術を移転していった。２０２０年に、中華系の新唐科技がＴＰＳＣｏを買収したことも、日本の自動車メーカーが半導体不足となった一因である。

ＴＰＳＣｏは米軍や自衛隊向けのレーダー半導体も製造しており、この企業を外資に売却するのは、外為法（がいためほう）上の制限がある。そのため、筆者はこの企業売却案件が日本の自動車産業にどれだけの損失を及ぼし、日米の安全保障をどれだけ揺るがすことになるのかについて、資料を持って議員会館を走り回った。ただし、そういった意見は、右翼系の著名人が請け負う大企業のロビー活動にかき消され、売却を許可した政治家は始末が悪かったのだろうか、筆者の話をデマ呼ばわりして幕引きをしたのである。それも車載チップが不足した理由の一つであるということを覚えておいてもらいたい。半導体が調達できなくなることで日本国内での製造は行き詰まり、国内の自動車企業は製造そのものを中国に移管を余儀なくされる。そして、自動車産業そのものが弱体化するだろう。

その結果、仕事を失うのは日本人だ。そのうち外資の労働者として「勤勉で文句を言わない最高の奴隷」として扱われることになるだろう。ＴＳＭＣは既にアリゾナの工場建設で、無秩序で危険な管理の下でのブラック労働を強いていることが報じられている。怪我や死人が出ても隠蔽されてきたことに、アリゾナの労働組合が激怒して、労働者の権利を守るためにホワイトハウスにＴＳＭＣのアリゾナ工事現場の課題についての手紙を送っている。それに対して、ＴＳＭＣは「熊本工場建設の日本人は勤勉で文句を言った人間はいない」と台湾メディアに報道させている。熊本のＴＳＭＣ工事現場でも頻繁に救急車が出入りし、怪我人が多いとか、死人が出たなど下請けからの話は上がっているが、誰ひとりとして声は挙げない。日本では権利教育をしないので、日本人は基本的に権利意識が低く、闘う人は出てこないだろう。あるいは、圧力が掛っているのか。

２０１５年ごろ、自動運転用ソリューションの仕事で自動車メーカーに出入りするようになってから、筆者はサプライチェーンの脆弱性に危機感を抱いていた。遠くない未来、商標は日本ブランドでもメイド・イン・チャイナの自動車が日本市場を席捲するだろうと予測し、著書では何度も警鐘を鳴らしてきたが、ついにその日がきたのだ。

ホンダのオデッセイが「メイド・イン・チャイナ」として逆輸入されるというのは、日本の自動車産業空洞化という暗黒の未来を象徴している。ＥＶ車推進、ガソリン車販売禁止という政府の愚策を乗り超えるために、私たちは新しい戦略を立てているところだ。

第二章

半導体製造、日本と台湾の違い

深田萌絵

「人件費で負けた」というウソ

半導体立国だった日本がその分野でトップの座から凋落した理由について、「人件費が高すぎるから日本は競争力を失った」と誤解されていることが多いが、それは事実とはやや異なる。そもそも半導体は労働集約型ではなく、装置産業である。大手証券会社のアナリストによると、半導体企業の人件費率は売り上げに対しておおよそ7％ほどだそうだ。サービス業で40％以上、製造業やＩＴ産業の人件費率の平均である約30％と比較しても、かなり低い。人件費がコスト高の要因になるほどの割合ではなく、「人件費」を競争力減の要因とするのは収益構造上、不適切だ。

そもそも、日本の賃金が高いとは一概には言えない。

東アジアやアメリカで仕事をしてきた経験からすると、東アジア圏におけるＩＴやエレクトロニクス産業の給料はかなり上がっている。２０１３年ごろ、深圳のＩＴ企業に勤めていた大卒バイリンガル女性（24歳）の年収は２００万円ほどで、これにボーナスが付く。

当時は、「日本と中国の都市の給料が逆転する日は近い」と予感させたものだ。日本はというと、新卒の平均年収は200万円から250万円で30年間ほど変化はない。IT産業は、転職に際する言語障壁はほかの産業よりも比較的低いと言える。コンピュータ言語は世界共通だし、エレクトロニクスの専門用語もほぼ英語から来ているので、ある程度仕事ができるエンジニアになると英語を習得して給与の高い欧米系に転職していく。グローバルな競争にさらされている企業の人件費は高くなる。東アジア系企業といえども給与が安ければ優秀な人材から流出していくので、比較的給与を高めに設定しないと人材を失う。

転職サイトを見ていると、TSMCの平均年収は233万台湾ドル（日本円に換算すると1070万円）と決して安くはないし、物価からすると台湾で年収233万台湾ドルというのは破格の給料だ。米インテル全体の平均年収は12・6万ドル（約1764万円）だ。2016年にプロジェクトで一緒になった新卒女性（修士号）でも1000万円弱はあった。そもそも、日本は給料が高くて裕福な先進国というのは大変な勘違いで、2015年には韓国に平均給料が追い抜かれている。「日本は人件費が高いから半導体産業が凋落した」というのであれば、アメリカから半導体産業は消えてなくなっているはずだ。

日本の半導体産業が凋落した本当の理由は、日本の政治家と経産省の愚劣極まる政策が原因だという点に尽きる。中国・韓国・台湾は政府主導で半導体製造業に力を入れてきた一方で、日本の政治家や経産官僚は日本の技術をそれらの東アジア諸国に移転することを推進してきたのだ。日米半導体協定が日本の半導体産業を凋落させた原因だというのも思い込みで、この協定が終結したのは１９９６年、四半世紀以上も昔の話である。そもそも、この協定で得したのはアメリカ以上に中国・台湾・韓国だ。協定締結後、経産省が率先して技術をこれらの国に移転して製造するように、日本企業を誘導していたというのが実態だ。日本企業が大枚はたいて投資した開発費用が回収できないままに、いつの間にか技術が東アジア諸国に流出していけば収益が落ちるのは当然である。半導体製造業は人件費率が低いので、収益悪化の要因は人件費だとは言えない。半導体アナリストが口をそろえて言うのは、「シリコンサイクル」と呼ばれる半導体供給が十分でないときの価格高騰に対して、余剰となったときの落ち込みだ。そうやって売り上げの変動が大きいうえに技術競争も異常な速度で進むので、技術開発費と製造装置への投資を続けなければ競争力を失う構造になっている。そこに、日本企業が開発した技術が東アジア諸国に流出して投資が回収できないということが何十年も前から起こってきていたのが弱体化の原因だ。

流出経路は、産業スパイに盗まれたこともあれば、経産省が日本企業に圧力をかけて東アジアの企業に技術移転を行うように要請したということもある。アメリカ政府は産業スパイを取り締まろうと躍起になり、知財泥棒に制裁を科す。その一方で日本政府は全く取り締まっていないし、それが発覚しても制裁することもない。日本政府や経産省が汚職で腐敗しているのかと思わざるを得ないほどの体たらくで、それを指摘されるのを回避するために「日本はダメになった」というムードを演出しているのではないかと筆者は疑っている。詳細は前述の『ＩＴ戦争の支配者たち』に記している。

本邦半導体企業の高い環境意識

日本やアメリカが半導体製造業で競争力を失い台湾が成長したのは、別のコストが高くついたからである。それは、「環境コスト」だ。半導体は、その製造工程で多くの危険な物質を取り扱う。

半導体産業に従事していた竹花顕宏氏によると、半導体で利用される危険物質は以下のとおりだ。金属系では、ヒ素、ベリリウム、カドミウム、水銀、鉛、スズ、亜鉛、アンチモン、ビスマスマレイド、ゲルマニウム、セレン、テルル、マンガン、タンタル、モリブデン、タングステンで、金属汚染は土壌でも分解されず、地質の一部として地下水に浸透していく。重く、土壌に吸着されやすく水溶性であるため、土壌汚染、地下水汚染の危険性が高い。

エッチング液としては、ＰＦＡＳ（パーフルオロアルキル）フッ素系化合物およびポリフルオロアルキル化合物が用いられており、別称「フォーエバーケミカル（永遠に残る化学物質）」と呼ばれている。これらは、自然に分解されず、水に溶ける。環境規制である程度基準値は設けられ、濃度としては薄くなっていたとしても、経年で蓄積された濃度は検証されていないのが現状である。「半導体製造業に従事していたエンジニアによると、米インテル訪問時に水道水は絶対に飲まないように指導があった」と竹花氏は言う。

日本でも事故や汚染の事例は多く、自治体や市民団体から告発されている。そういった公害問題に対する市民の意識向上、環境規制の強化なども重なり、日本の半導体企業は環境対策として除害設備に対する投資を重ねることになった。

元東芝の社員によると、彼がかかわった半導体工場は酸性、アルカリ性の物質を中和する多種多様な除害設備が設置され、排水時にはおおよそ除害されていたため、逆に下水道局から「排水される水がキレイなので、下水処理用のプランクトンが食べるものがないのです」と苦情が来たそうだ。それでも、いくつかの古い工場跡地は汚染が残っているため、東芝はいまだに除染作業を続けている。自分たちが生まれ育った土地を汚染しないよう、そして汚染してしまったことに対する除染などに費用をかければ、日本の半導体企業の利益は薄くなって当然である。ＴＳＭＣの創業者は中国で生まれ育ったために、半導体工場から出る汚染物質によって引き起こされた地元台湾人の健康被害に無関心なのは、台湾経済をけん引した大企業の闇の部分だろう。

政府と住民で見解異なる「地下水量」

ＴＳＭＣ子会社ＪＡＳＭ工場の工事が始まってから、数キロメートルぐらいの近隣農家の井戸水に変化が起こった。工場がまだ稼働してないのに、井戸をかなり掘って水の採取を始めたようで、酪農家の井戸水が枯れたのである。農家の方が井戸のボーリング事業者を呼んで調査したところ、井戸の水位が20メートルほど下がってしまったのである。牛一頭は一日に約80リットルの水を飲むので、水道水を使うと採算が取れなくなるという。このまま地下水が干上がってしまうかもしれないほども汲み上げているのではないか、と心配している。

その酪農家の知人が地下水量について心配し、菊陽町の役場に「地下水が減っているが、ＪＡＳＭが汲み上げすぎていないかどうか、きちんと調べているか。水が減っていることは、問題ではないのか。地下水が枯渇したら問題だ」と問い合わせたところ、「菊陽町の地下水がどれぐらいあるのか、調べたことも何もないので、増えているか減っているか一切分かりません」と回答があったそうである。

役場が知っていようがいまいが、現地の地下水の水位が劇的に下がっているというのは事実である。では、なぜ、ここまで劇的な変化が起こったのかを考察しよう。ＪＡＳＭ工場の水の採取量は一日に1・2万トン、年間438万トンである。菊陽町は、地下水が減っており、「地下水保全地域」に指定されている地域で、菊陽町に存在する全工場が年間に使う水の量が400万トン程度なのだが、それを超える水を一社で使うというのだ。試験的に地下水を掘っても、水位が下がっておかしくない量だ。なぜ、一社で町全体の工場以上の水を汲み上げることが許されるのかというと、工業用水法という法律がザルだからである。

工業用水法によると、大量の水を消費する会社は規制していかないといけないと決まっているが、第三条第二項に規定する工業用水の量に数値規定はないのが現実である。要は、政府官僚や政治家の胸先三寸で、どうとでもなるということだ。毎回どの企業がどれぐらい使うのか、あちらの企業は好きなだけ使ってもいいけれど、こちらの企業はダメと、その都度、担当の主観で決めてもかまわない建て付けになっている。

工業用水法とは異なるが、政治家が相手を見て法の運用を恣意的に変えている事例は絶えない。熊本県のある村に地下水を汲み上げてボトル販売する企業があり、そこが毎年十数万トンの水を汲み上げている。しばらくすると、その水を汲み上げている工場の近隣に住んでいる村長の家の井戸水が突然枯れた。その時に村長が取った対策は地下水をボトルで販売する会社以外の企業と村人たちに対して、地下水が枯渇する恐れがあるので節水するよう呼びかけたのだ。村人たちは、なぜそのようなダブルスタンダードがまかり通るのかと憤慨している。自治体の首長と仲良くなればやりたい放題だという現実である。

これと同じことが市や県のレベルでも起こっている。２０１４年に熊本市は地下水の量には限りがあるので市民には節水を呼び掛け、それは現在でも続いている。その一方で、

情報開示を拒む熊本県

2023年6月ごろから急に、熊本県は熊本市の観測井戸水位の水は増えていると主張しはじめた。そして、水が増えているからいいじゃないかと、企業が情報開示せずに水を大量使用できるよう「環境影響評価条例」の要件緩和に踏み切ろうとしている。熊本県のサイトによると、環境アセスメント（環境影響評価）とは、開発事業が行われる場合、それが周辺の環境にどのような影響を与えるかを、事業者が事前に調査、予測及び評価し、その結果を公表して住民等や行政の意見を聞き、十分な環境保全対策を実施することにより、よりよい事業計画をつくり上げていく制度である。本来なら企業が大型開発を行う場合は、住民の意見を聞かなければならない。

それを変えるというのは、市民には節水を呼びかけ、懇意にしている企業には法の抜け道をつくって大量に水を使わせてあげようというダブルスタンダードを遂行しようということだ。

熊本県では環境影響評価条例（一般的に環境アセスメントと呼ばれる）に基づいて工場や事業場は一日当たりの排水量が1万トン以上、水の保全地域での排水量が0・5万トン以上となる場合においては環境影響評価を受けなければならないと明記されている。

アセスメントとは、工事の計画をきちんと開示して、その工事計画がどれくらい周囲の環境に影響があるのか、水を取りすぎて減ったりしないか、工事が突貫工事すぎて騒音公害が出ていないかなどを調べる、環境影響評価法に基づいた調査と評価のことである。通常ならば、そういった環境に対する影響評価に6カ月から1年ぐらい掛けるが、TSMCの子会社のJASM工場の建設に際しては、アセスメントをやった様子もなく、突然工事が始まった。環境アセスメントを実施している様子がないので、TSMCは環境影響評価条例に基づいての評価(アセスメント)をやらないのかと県に問い合わせてみた。すると、県は「開発面積が25ヘクタール以上という要件を満たしていない」とか、「工場からの排水は下水道に流すので環境アセスメントを必要としていない。JASM工場のために下水道の拡張工事を行なっているので、環境汚染の問題は生じない。工場からの排水も水質汚濁防止法で取り締まるので、環境アセスの対象外である」という回答である。後述するが、水質汚濁防止法とは非常に緩い法律で、1万トン単位で汚染水を流しても罰金はたかが知れている。そもそも環境影響評価条例の『排出水』には定義がなされておらず、下水道に排出する水は環境影響評価条例の対象外とは一言も書かれていない。『排出水』に定義がないのを県は逆手に取って「排出水に該当しない」と主張して、ＪＡＳＭ工場工事による周辺環境への影響評価を行わないとしているわけだ。

それにしても熊本県側の上記説明は、つじつまが合わない。２０２０年9月18日に更新された熊本県環境保全課のホームページで、公表された説明と矛盾しているわけである。そこでは、「環境アセスメント（環境影響評価）は、開発事業が行われる場合、それが周辺の環境にどのような影響を与えるかを、事業者が事前に調査、予測及び評価し、その結果を公表して住民等や行政の意見を聴き、十分な環境保全対策を実施することにより、よりよい事業計画を作り上げていく制度です。」という説明書きとともに、アセス対象事業

（注1）「森林地域」とは、国土利用計画法に規定する森林地域（農用地区域との重複部分を除く。）をいう。
（注2）風力発電所の「一定の条件に該当する事業」とは、次のすべてに該当する事業をいう。
●風力発電所の発電設備の新設をする場所の周囲1ｋｍの範囲内に学校、住宅その他の静穏を必要とする　建築物が存在しないこと。
●当該事業が実施されるべき区域内に次のいずれかに該当する区域及び史跡等が存在しないこと。
国立公園、国定公園、原生自然環境保全地域、自然環境保全地域、生息地等保護区、風致地区、県立自然公園、景観形成地域、史跡、名勝若しくは天然記念物、重要文化的景観　等
●事業が事業特性及び地域特性に応じて環境の保全のための措置をとることが確実であると見込まれるものとして知事が認めるものであること。
（注3）太陽電池発電所の対象事業への追加については、令和2年10月1日から施行する。
（注4）「太陽電池発電所の敷地その他事業の用に供される敷地」には、太陽電池アレイやコンディショナー等の設備の他、調整池や残地森林等の敷地面積を含む。

番号	事業の種類	事業の規模要件等
1	国道、県道、市町村道、農道、林道	４車線以上かつ長さ５km 以上（森林地域においては２車線以上 かつ長さ 10km 以上）
	大規模林道	幅員 6.5m 以上かつ長さ 10km 以上
2	ダム	貯水面積 50ha 以上
	堰	湛水面積 50ha 以上又は改築後の面積 50ha 以上かつ増加面積 25ha 以上
	放水路	土地改変面積 50ha 以上
3	鉄道	長さ 5km 以上
	軌	長さ 5km 以上
4	飛行場	滑走路の長さ 1,250m 以上又は延長後の長さ 1,250m 以上かつ延長部分 250m 以上
5	水力発電所	出力 15,000 キロワット以上
	火力発電所	出力 75,000 キロワット以上
	地熱発電所	出力 5,000 キロワット以上
	風力発電所	出力 5,000 キロワット以上（一定の条件に該当する事業は除く）
	太陽電池発電所	太陽電池発電所の敷地その他事業の用に供される敷地の面積が 20ha 以上
6	廃棄物最終処分場	新設すべて
	廃棄物焼却施設	処理能力 4t ／時又は 100t ／日以上
	し尿処理施設	処理能力 100kリットル／日以上
7	公有水面の埋立・干拓	面積 25ha 以上（干潟等地域を含む場合は面積 5ha 以上）
8	土地区画整理事業	面積 50ha 以上（地下水保全地域においては面積（人口集中地区の面積を除く）25ha 以上）
9	新住宅市街地開発事業	面積 50ha 以上（地下水保全地域においては面積 25ha 以上）
10	工業団地の造成事業	面積 50ha 以上（地下水保全地域においては面積 25ha 以上）
11	新都市基盤整備事業	面積 50ha 以上（地下水保全地域においては面積 25ha 以上）
12	流通業務団地の造成事業	面積 50ha 以上（地下水保全地域においては面積 25ha 以上
13	住宅団地の造成事業	面積 50ha 以上（地下水保全地域においては面積 25ha 以上）
14	農用地の造成事業	面積 100ha 以上（農用地以外の土地から農用地への地目変換に係わるものに限る）
15	スポーツ又はレクリエーション施設	面積 50ha 以上（地下水保全地域においては面積 25ha 以上）
	ゴルフ場	面積 20ha 以上又は変更後の面積 20ha 以上かつ増加面積 5ha 以上
16	下水道終末処理場	計画処理人口 10 万人以上
17	工場、事業場	燃料使用量８kリットル／時又は平均排出水量１万立法メートル／日以上（地下水保全地域においては平均排出水量 0.5 万立法メートル／日以上）
18	豚房施設	施設面積 7,500 平方メートル以上又は増設後の総面積 9,000 平方メートル以上
19	岩石、土、砂利の採取	面積 30ha 以上又は変更後の面積 50ha 以上
20	その他の造成事業	上記以外の工作物の用に供する土地の造成事業で面積 50ha 以上（地下水保全地域においては面積 25ha 以上）

が１番から20番まで紹介されている。

県は、今回のＪＡＳＭ工場を67ページ表17番の工場に分類すべきところを10番の工業団地造成事業に分類して「ＪＡＳＭの敷地は21・３ヘクタールと、環境影響評価条例で定められた25ヘクタール以下の開発は要件を満たさず対象外」と主張している。工業団地の要件は、複数の工場を集める地域のことを指す。

ＪＡＳＭ一社で工業団地に分類するのは奇妙だが、菊陽町の町議会議員は「本来、菊陽町は複数の中小企業を誘致する予定で畑を潰して工業団地を造成したところ、ソニー一社が全て欲しいと申し込んできた」と説明していたので、当初の計画では工業団地だと捉えられていたとされている。だが、環境団体の方が熊本県菊陽町の商工振興課に問い合わせたところ、ＪＡＳＭが工場を建設している第二原水工業団地はＪＡＳＭのために用意された団地であり、そもそも用地分譲の企業募集をかけていないと説明されたという。実際に、第二原水工業団地の用地分譲要領も存在していない。

仮に工業団地だとしても、ＪＡＳＭ工場は日量１・２万トンの水を汲み上げる予定で、それなりの排水量が伴うはずであるので、17番の「工場、事業場　燃料使用量８００リットル／時又は平均排出水量１万トン／日以上（地下水保全地域においては平均排出水量

０・５万トン／日以上）」にも該当するはずである（水の場合は、１万立法メートル＝１万トン）。それを県に突っ込むと、

「ＪＡＳＭ工場は一日１・２万トン以上を汲み上げることになっているが、排水量は公表されていないので把握していない」

と回答があった。半導体製造の工程は５００ほどあり、その30％から40％が洗浄である。

「１・２万トン以上汲み上げて洗浄に使えば、０・５万トン以上は排水するのではないか」

と尋ねると
「水は蒸発するので一概には言えない」

とアセスの対象外だと返してきた。熊本県の環境保全課とあろう者が、１・２万トン以上の水を洗浄に利用して７０００トン以上も蒸発するとでも言わんばかりの返答を平然とする神経には驚かされた。半導体製造にかかわる人に聞いても、「半分以上蒸発するはずはない」と説明を受けたので、さらに突っ込んで質問を投げかけた。

「ＪＡＳＭ工場の排水処理のために下水処理場を拡張するならば、どれだけの排水量が見込まれているのか把握して設計をしているのではないか」

するとと今度は、

「下水道拡張工事はＪＡＳＭ工場の排水量を確認していないが、『こんなもんだろう』という目安があって行っているので一切把握していない」

というのである。下水処理場の設計経験のある技術者に聞いても「大型工場からの排水量を知らずに、下水処理の拡張設計をするなんて信じられない。一社で菊陽町全ての企業を合わせた以上の水を使うメガファクトリーから排出される水の量を企業に確認せずに想像なんかで設計するなんて事実ならば自殺行為だ」と答えたほどだ。

仮に、熊本県の説明が本当なら、「半導体の洗浄工程と下水処理場の仕組みを無視したトンデモ環境保全課」であり、そうでなければ「何かを隠すために国民を騙した」ということになる。

これが熊本県による誠実な対応かどうかは、読者の判断にゆだねよう。

筆者の読みでは、今回のＪＡＳＭ工場の開発事業は、対象事業17番の「排水量が０・5万トン以上の工場」に分類されるところを、10番の「開発面積が25ヘクタール以上の工業団地造成事業」に分類して誤魔化したのではないかと疑っている。筆者が何度も「熊本は、ＴＳＭＣの環境アセスを行うべきではないか」とＹｏｕＴｕｂｅで解説し、動画を見た人が熊本県に問い合わせをすると「ＹｏｕＴｕｂｅの話はデマです」という不誠実な回答をしたそうである。

ところが異変が生じてきた。台湾で、ＴＳＭＣが建設を予定していた工場が、水不足で頓挫（とんざ）したのである。その工場は、日量10万トンの水を汲み上げる予定だったが、井戸を掘っても、掘っても、十分な水が出てこない。台湾水利局が地下水の量を調べたところ、従来の10倍もの水を必要とするＴＳＭＣの最先端工場の要求には応えられないという結論が出たということが報じられた。そのタイミングで、熊本にＴＳＭＣの第二工場が誘致されるという報道が出て、菊陽町のＪＡＳＭ工場に隣接する農家の土地が工業用地としてどんどん転売されていることも地元の人たちが懸念していた。第二工場ができるとなると、環境影響評価条例の要件である25ヘクタール以上の工業団地の開発に該当する可能性が高い。

次こそ、熊本県に「環境アセスメントを行え」と抗議しようと待ち構えていた菊陽町の住民は、土地の転売で儲かる人たちの歓迎ムードと、何の説明もない工事に不満を抱く人で分かれ始めている。不満を抱いている人の話では、井戸が枯れたり、24時間工事が行われたり、クレーンが倒れて交通が乱れたり、頻繁（ひんぱん）に警察や救急車が入っていく事態が起きているのに何の説明もなく恐ろしいとのことである。なぜ環境アセスメントをやらないのかと地元の不満が溜まり、第二工場を作るなら25ヘクタールを超えるので県にアセスを要請しようという話も出てきたところで、熊本県側が「25ヘクタール以上でも、環境アセスメントを行わなくてもいいように緩和しよう」と発表したのは地元の人間を驚かせた。その直後、SONYが新工場で27ヘクタールの工場開発を行う発表が出たのだ。

「なんだ、TSMCと組んだSONYのために法律や規則まで変更するのか⁉」という戸惑いの声が上がる。SONY新工場やJASM第二工場造成は25ヘクタールを超えるので住民が県に開示を求める法的根拠を潰すために、環境アセス要件緩和に踏み切ろうという卑劣な魂胆に地元民の怒りは溜(た)まる。

住民の井戸水が枯れた

熊本が今後どのように環境対策を取っていくかを、県の委員会で話し合っているが少しおかしな動きになっていると、地元の方から伺った。どうやら市民の環境保護運動から企業の利益を守るために、熊本県は環境条例の建て付けを歪(ゆが)めようとしているようだ。

JASMは、住民説明会で十分な説明もせずに24時間建設工事を始め、ほどなくして近

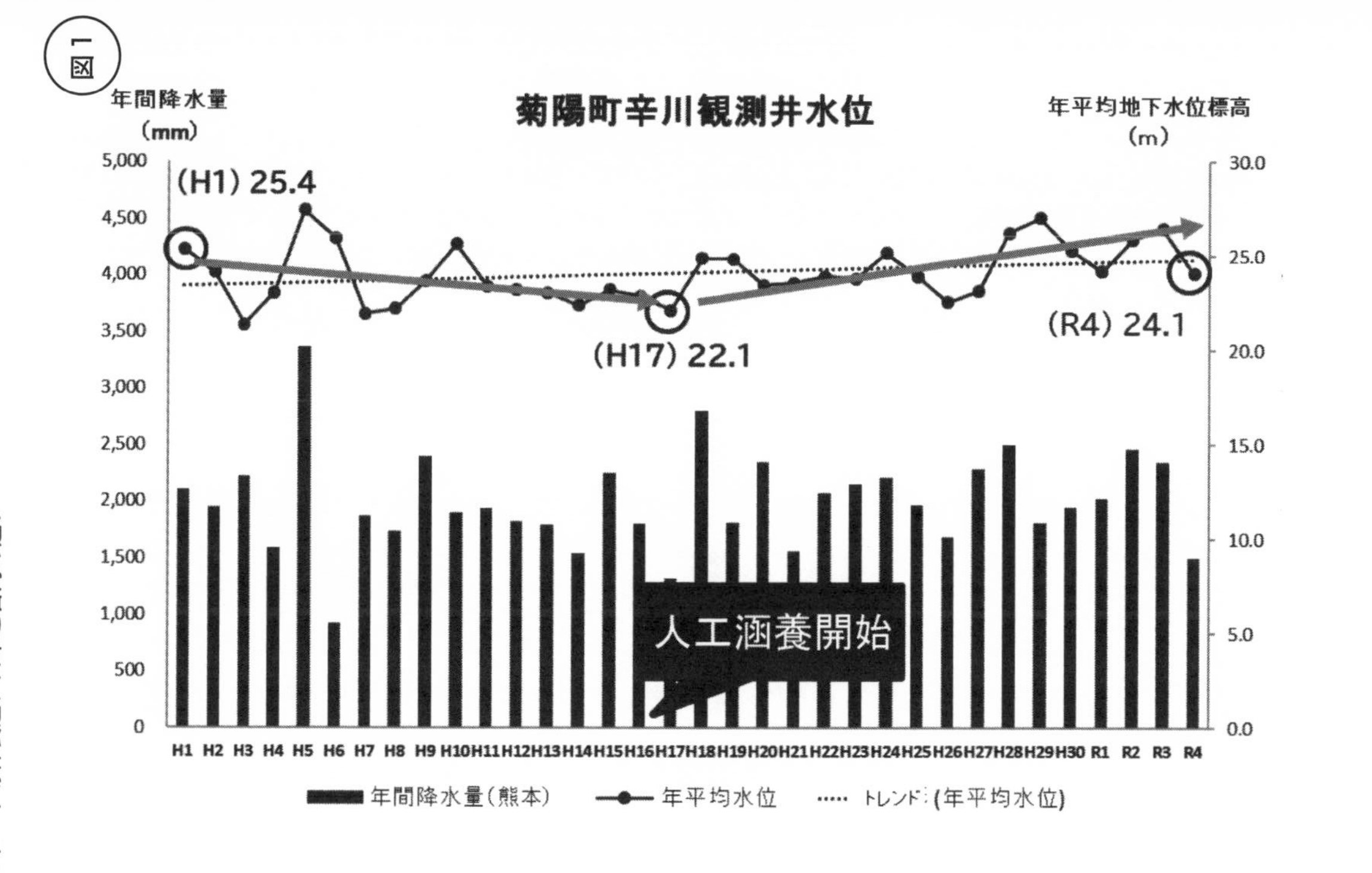
図1
菊陽町辛川観測井水位
年間降水量（mm）
年平均地下水位標高（m）
(H1) 25.4
(H17) 22.1
(R4) 24.1
人工涵養開始
0
500
1,000
1,500
2,000
2,500
3,000
3,500
4,000
4,500
5,000
0.0
5.0
10.0
15.0
20.0
25.0
30.0
H1 H2 H3 H4 H5 H6 H7 H8 H9 H10 H11 H12 H13 H14 H15 H16 H17 H18 H19 H20 H21 H22 H23 H24 H25 H26 H27 H28 H29 H30 R1 R2 R3 R4
年間降水量（熊本）
年平均水位
トレンド：(年平均水位)

隣の井戸水が干上がってしまう事件が起きている。そもそも熊本の地下水が減少してきたために２０１４年から市民に節水を呼び掛けているにもかかわらず、２０２３年になって急に熊本県は、「菊陽町の水は減っていない、熊本の水は減っていない。むしろ増えている」と説明し始めたのだ。

県の環境経済常任委員会から『熊本地域の地下水の現状』という常任委員会で発表された資料によると、『熊本の地下水位は長期的に低下傾向にあり、江津湖の湧水量も減少傾向にあったため、平成16年度以降、白川中流域等で、人工的な地下水涵養（かんよう）を開始。人工的な涵養開始後、県の観測井戸の水位の多くは回復傾向にあり、現状の取水量と涵養量のバランスを確保し、地下水を持続的に使う仕組み作りが必要』と記載している。そして、菊陽町の観測用の井戸の水位は、平成１年から17年度にかけては減っているが、平成17年から令和４年にかけては増えているとの説明だ。

この説明用の図（図１参照）に違和感を覚える。平成元年の菊陽町辛川観測井水位グラフの山の頂上と、平成17年の山の谷底、平成17年の谷底から令和４年の山の頂上に繋がれ、いかにもV字回復をしたかのように線が結ばれている。ただし、よく見たら増えたとは言いきれない動きである。

　このような線の結び方は、統計的にはありえない。折れ線グラフの山―谷―山と恣意的に線を結べばV字回復しているかに見えるのは当たり前だ。提示されたグラフの頭とお尻を結べば、逆に推移は下がっているようにしか見えないだろう。統計的に有意に示したのであれば、観測をしている定点的な数値から回帰直線を引くべきである。

　そして、そうしたペテンのようなグラフを前提に、菊陽町の地下水位は回復しているから問題ないといって、大企業が無尽蔵に水を汲み上げても環境影響評価を逃れられるようなスキームを県は生み出そうとしている。

　水俣病であれだけの被害を出したにもかかわらず、熊本県は環境問題に対して真摯に取り組む様子は見えない。

市長の財団に寄付でアセスメント逃れ

　前述のとおり、熊本県はＴＳＭＣが環境評価逃れができるように環境影響評価条例に関わる環境要件を緩和すると言い出した。熊本県は緩和の前提として、地下水が減ってきていたけれど、涵養と呼ばれる農地や水田など地下水に水が浸透していく用地を増やす努力をした結果、地下水が増えてきていることをまず挙げている。そのため、企業が地下から汲み上げる水量に対して、同等かそれ以上の水を地下に戻せる涵養の土地面積を増すならば環境アセスメントを受けなくてもいい、という緩和要件を提案してきたのだ。

これは、環境問題の世界では、企業と政府の間でよく使われるトリックで、工場建設で涵養とされる農地が減って工業用地に転用されても、企業が農家から野菜を買ったり財団に涵養事業協力金を払ったりするだけで環境保護を行ったことにできるスキームを利用しようというのだ。

菊陽町のＪＡＳＭ工場は今後日量１・２万トンの水を汲み上げる予定だが、１・２万トンもの水が入ってくる涵養が本当につくれるのかどうかは分からない。どれほどの雨が降るのかも分からないうえに、畑ならまだしも、水田はさほど水が地下に浸透しないので涵養として面積をカウントしていいのかも疑問である。半導体の工場では大量の水を必要としているが、水を汲み上げて同じだけの量の水を地下に戻せるのか。急に降水量が増えるはずもなく、そのための水は一体どこから来るのかという疑問には答えられていない。

仮に今より地下水の涵養量を実質的に増やすとなれば、今は使われてない農地や住宅地を探し出して、そこを涵養地にしなければいけない。それだけの土地が本当に菊陽町にあるのかということも疑問である。

今回、環境アセスの緩和要件として熊本県が提示してきた指針改正案は、地下水財団に寄付すれば､環境影響評価を逃れてもかまわないというもので、これには目が点になった。

これまでは、企業の土地開発で減った分の1割を目途に涵養事業に協力金を払うという指針だった。涵養を増やすための涵養事業に対する『協力金』を企業が払わなければならないというのは、理にかなっているが、改正案で「1割」という数値目標が削除され、「協力金」も削除されて、「地下水財団に寄付などを行う」という文言に変わったのである。寄付金の用途は指定されておらず、これでは涵養の面積が増えることは約束されていない。それどころか、この「地下水財団」は理事長が熊本市長、副理事が熊本県副知事、幹部が熊本の町長から村長で、そこに「寄付」すれば、環境アセスを行わなくてもいいというのである。県の環境審議会や地下水涵養検討部会委員長が、熊本の地下水財団の役員も務めている。そこの「くまもと地下水会議委員」の議長はまぎれもなく熊本県知事である。そこに利益相反が起こらないとは言い切れないだろう。

涵養の仕事をしている専門家にこの話をすると、「政治家の財団に金を流せばやりたい

図２

「地下水の涵養の促進に関する指針（地下水涵養指針）」新旧対照表

新	旧
第１　地下水涵養の促進の基本的な考え方 （略）	**第１　地下水涵養の促進の基本的な考え方** （略）
第２　許可採取者による地下水涵養の取組 １　許可採取者による地下水涵養の実施に関する基本的方向（略） ２　許可採取者が地下水涵養を実施すべき量に関する目標（以下「目標涵養量」という。） 許可採取者は、地下水の水量保全に資するため、自らの地下水採取量に応じた地下水涵養対策に取り組むものとする。 特に、条例第２５条の２に基づく重点地域として指定された熊本地域の許可採取者は、当面、地下水採取量に見合う量を目標として地下水涵養に取り組むものとする。 ただし、この指針の施行より前に条例第３５条に基づく地下水涵養計画を知事に提出している者については、あらかじめ許可された地下水採取量を上回らない場合に限り、同計画に基づく地下水涵養の取組みを継続することができるが、可能な限り地下水採取量に見合う地下水涵養量を達成できるよう努めるものとする。 重点地域外の許可採取者については、目標として具体的な割合は設定しないが、採取量に応じて可能な限り地下水対策に取り組むものとする。 【削除】	**第２　許可採取者による地下水涵養の取組** １　許可採取者による地下水涵養の実施に関する基本的方向（略） ２　許可採取者が地下水涵養を実施すべき量に関する目標 許可採取者は、地下水の水量保全に資するため、自らの地下水採取量に応じた地下水涵養対策に取り組むものとする。 特に、条例第２５条の２に基づく重点地域として指定された熊本地域の許可採取者は、当面、地下水採取量の１割を目標として地下水涵養に取り組むものとする。 なお、この目標については、目標の達成状況、熊本地域における地下水位の状況等を踏まえ必要な見直しを行うものとする。 重点地域外の許可採取者については、具体的な目標は設定しないが、採取量に応じて可能な限り地下水涵養対策に取り組むものとする。 **《参考》** 熊本地域では、平成２０年９月に熊本地域地下水保全対策会議において、熊本地域地下水総合保全管理計画を策定している。この計画では、地下水の涵養について何の対策も講じなければ、平成１９年度は約６億㎥と推計される地下水涵養量は、平成３６年度には５億６，３００万㎥に減少すると見込まれており、これを計画作成前１０年間の平均涵養量である６億３，６００万㎥まで回復させるためには、平成３６年度までに年間約７，３００万㎥の涵養量を確保する必要があるとされている（次図参照）。

放題なんて酷いじゃないか！　こんなものは改悪だ！」と憤っていた（図2参照）。

　確かに、こんな条例の改悪を、熊本県側はあたかも「環境保全のために涵養増を企業に義務付け、厳しくすることで、環境アセス要件を緩和します」と発表しているのだから、たちが悪いにもほどがある。悪質なのは、改正する「地下水涵養に関する指針案」を掲載せずにパブリックコメント募集を開始したということだ。県の委員会資料としては開示されているが、市民から改正することに関してパブリックコメントを求めているのに、肝心の改正案をパブコメ募集のウェブサイトに掲載しないのはおかしくはないか。心配した地元住民が「指針の改正をするなら、改正案を掲載しないのですか？」と問い合わせると、「その必要はない」と改正案の掲載を拒んだそうだ。

　水俣病は、企業と政府が事実を隠蔽し続けたから発覚が遅れた。水俣病から、熊本の行政は学べなかったようだ。

国策公害企業は政府が尻ぬぐい

ＴＳＭＣ子会社は万が一公害問題を起こしても、それは日本国民が尻ぬぐいをすることになるだろう。それは歴史が証明している。

環境経済常任委員会で環境影響評価条例を緩和しようという提案が出た資料の後方に、水俣病の原因となったチッソの金融スキームが掲載されていた。チッソ株式会社に対する金融支援の仕組みが説明されている。チッソが患者や被害者に対して賠償金を支払ったら経営危機に陥るので、国の要請を受け、県が昭和53年から患者補償の資金不足を補うために、県債を発行し、チッソに貸し付けていると書かれている。

平成7年はチッソのために一時金県債が発行されている。政治的解決に基づき、チッソが支払う一時金の資金を水俣問題解決支援財団から貸し付けるための出資金の国85％、県15％に関わる負担金分について県債を発行した。

平成12年は、チッソ金融支援抜本策により県から特別県債を発行している。チッソは経常利益から可能な範囲で県へ債務を返済し、約定償還に不足する額について8割の支払いを猶予し、2割については特別県債を発行しチッソに償還のため貸し付けている（図3参照）。

さらに、平成22年一時金県債、水俣病被害者救済法特措法による救済に基づき、チッソが支払う一時金の資金を財団法人水俣芦北地域振興財団から貸し付けるための出資金にかかる県負担金分について県債を発行した。

チッソの環境汚染が水俣病をもたらし、何十年も無視されてきたのがようやく賠償金の支払いとなって企業は反省していると思われたが、尻ぬぐいは政府が行っていたのだ。チッソの賠償金は、県が債券を発行し、チッソに貸し付けた金で賄われている。そしてチッソがその資金を返せないために、借換債を発行して自転車操業に加担しているというスキームだ。これは、この国では政府と企業が癒着すれば、いくらでも環境汚染ができ、国民や県民に対し健康被害を与えても、国と県が手を組んで企業の損失を補填できるという歴史の証左だ。チッソの被害者が何年も水俣病について国に訴え、国と企業が隠蔽工作に邁進し、バレてしまっては仕方がないとチッソが倒産しないように政府が債券を発行して貸し付けて、賠償金を肩代わりした形になる。

チッソが倒産してしまっては、水俣病被害者は賠償金を受け取ることができなくなる。そのため政府はチッソに対して延命措置を取らざるを得ないので、チッソに資金を貸し付ける。そして、その返済期限が来てもチッソは返せないので、借り換えローンを政府がチッソに提供して、チッソは半永久的に存在していくのだろう。このようなネガティブ・スパ

【参考2】チッソ株式会社に対する金融支援措置の仕組み（JNC(株)R4決算反映）

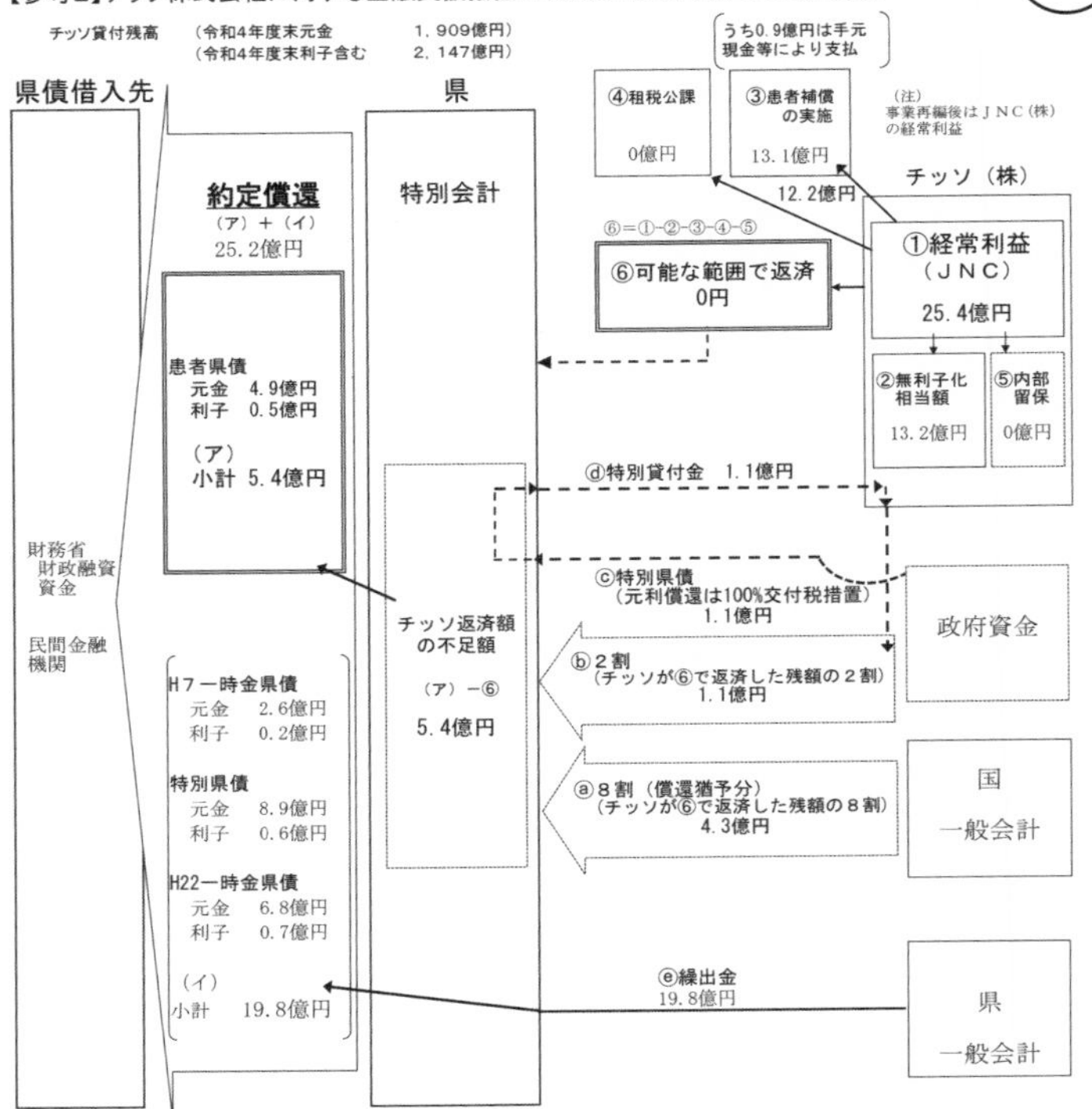

■患者県債
患者補償金の支払によりチッソの経営が危機的状況に陥ったため、国の要請を受け、昭和53年から、患者補償の資金不足を補うため、患者補償支払額の範囲内で、県が県債を発行し、チッソに貸し付けたもの（平成12年からチッソ金融支援抜本策の実施に伴い、患者県債方式は廃止）。

■Ｈ７一時金県債
平成７年の政治解決に基づきチッソが支払う一時金等の資金を、（財）水俣病問題解決支援財団から貸し付けるための出資金（負担割合：国85%、県15%）に係る県負担分について、県債を発行したもの。

■特別県債
平成12年のチッソ金融支援抜本策により、チッソは経常利益から可能な範囲で県へ債務を返済し、約定償還に不足する額について、８割を支払猶予し、２割については、特別県債を発行し、チッソに償還のため貸し付けているもの。

■Ｈ２２一時金県債
水俣病被害者救済特措法による救済に基づき、チッソが支払う一時金等の資金を、（財）水俣・芦北地域振興財団から貸し付けるための出資金（負担割合：国85%、県15%）に係る県負担分について、県債を発行したもの。

イラルを、私たち日本国民は既に経験しているのに、なぜ、環境問題に対して真剣に取り組むことができないのかが不思議でならない。

歴史から学べない政府も企業も、環境問題について反省することはなさそうである。TSMC誘致を決定したのは、時の経産大臣・萩生田光一議員である。その時にきちんとした環境対策を指導していないから、このようなことになっている。

いま熊本の地元の人たちが、「環境アセスをきちんとやっているのか、工場計画を開示せよ」と言えば、環境影響評価法に基づくアセスの要件を変え、法を曲げてまでも誤魔化そうとしている。こんなことが許されるのか。

日本では半導体企業が厳しい環境基準を守るために利益を削って努力してきたが、熊本に誘致されたのは台湾の環境を犠牲にして成長した企業である。台湾において、半導体企業がどれだけの健康被害をもたらしてきたのかは、次章から森野氏に解説していただく。

第三章

半導体業界の不都合な真実

森野ありさ

知られざる有害物質

半導体の製造プロセスで使用される化合物は、毒性が高いだけでなく種類も多い。一般的に、日本は環境法が厳しく、工場から排出されるさまざまな有害物質は除外設備を通じて処理されることが求められるため、環境に対する影響は限定的だと捉えられている。

現実は、法の網から漏れた汚染問題が残る。指定された有害な化学物質は少ないため、指定物質に入っていない有害物質が工場の排水や煙道(えんどう)などから周辺地域に垂れ流されてきている。そして、法は総量ではなく濃度で規制するので、排出量が大量であれば環境中に蓄積される化学物質の量も多大となる。日本の環境が守られているのは、法律によってではなく、国内企業の良心と努力によるところが大きい。言い換えると、日本の環境を守ろうとする企業でなければ、現行法だけでは、あっという間に環境汚染が起きてしまうということだ。

半導体製造の工程は複雑で、工程ごとに異なる化合物を必要とし、その数は数百種類に及ぶ。特に、半導体を洗浄・エッチングするために使用される溶液や化学物質は、人体に非常に有毒で、その取り扱いや処理には細心の注意が必要である。

米国『Ｇｕａｒｄｉａｎ』誌の２０２１年９月の記事では、アリゾナ州オコティロにあるインテルの７００エーカーの単一工場から、３カ月で１万５０００トン近くの廃棄物が発生し、その約60％が有害であったと報じており、ハイテク産業のクリーンなイメージは幻想でしかないことは明白である。

台湾誌『新新聞』２０２２年5月19日付けの記事「半導體業不能說的秘密：那些連專家都沒聽過的毒物，如何影響健康和環境？（半導体業界が言えない秘密：専門家さえ聞いたことのない毒物が健康と環境にどう影響するのか？）」で、半導体業界の闇が暴露された。

記事によると、製造工程で使用される有害化合物の多くは、技術の保護を理由に半導体企業がその開示を拒んでいる状態だ。例えば、韓国の半導体企業12社のうち11社は製造プロセスで２１０品目もの化合物を使用している。そのなかで、社外に公開することを拒否している化学物質は、使用している品目の29～33％に上り、政府ですらその内容を知ることはできない。台湾企業も、排出される毒性の高い化学物質に関して、『技術保護』を理由に毒性物質の開示を拒んでいる。法律上、排出される有害物質は、原則、完全開示しなければならないが、開示に不都合がある場合は、職業安全衛生署で審査された後に開示を免除される。しかし、台湾の半導体業界では、この法令の抜け穴をついて、開示免除を認められないような有害化合物の審査を回避するために、有害性を知りながらも開示免除の申請すらしないことが横行している。そして、万が一この隠蔽行為が発覚しても、数万台湾ドルの罰金で済んでしまうので、現地人が被る被害は後を絶たない。

台湾の大葉大学の李清華院長は、『新新聞』のへの取材に対して、「現在、半導体の製造において使用されている化合物は、産業廃棄物の研究をする学者や、鉱物・金属工業博士の私でも聞いたことがないようなものばかりです。ましてや、その危険性や防御方法の理解については言うまでもありません」と述べている。

また、台湾の環境保護署の『健康リスク評価技術規範』によると、現存する1000万種を超える化学物質のうち、実際に動物実験を行った具体的なデータが存在しているものは、2万種以下であると記載されている。

すなわち既存の環境影響評価の規制品目や基準値は、極めて限定された化学物質のみをカバーするものであり、従来の産業では使用されることのなかったような化学物質を使用する半導体製造産業は、未知の被害を出し得る可能性を常に孕んでいるということである。

『Ｇｕａｒｄｉａｎ』誌によると、半導体産業は生産プロセス中に様々なガスを使用するが、その多くは気候に重大な影響を与えるという。半導体の製造に使用される汚染物質への対策として、各社はイノベーションを展開している。ＴＳＭＣも排出ガスを処理するためのスクライバーやその他の設備を導入したというが、ソルベイ・スペシャル・ケミカルズ社の半導体ガスを担当する化学エンジニアのマイケル・ピトロフ氏によると、ＴＳＭＣは「より汚れた」洗浄ガスに置き換えたと指摘している。ガスの置き換えは、一度工場が稼働を開始したら変更するのが非常に困難である、と経営コンサルト会社ベイン＆カンパニーの半導体専門家ピーター・ハンベリー氏は言う。半導体のエッチングプロセスは、切手サイズのウェーハ上に最大１００メートルのトランジスタを配置する必要がある非常に高い精度が求められる工程であるため、工場がプロセスのレシピを開発するのに４～５年を要する。そのため一度決定した工程は、基本的に変更したくないのだという。ＴＳＭＣは熊本でも「より汚れた」洗浄ガスを使用する可能性がある。

発がん性物質を多用

半導体製造プロセスにおいて、膨大な種類と量のＣＭＲ物質が使用されている。ＣＭＲ物質とは慢性的な発がん性、変異原性、及び生殖毒性があり、健康に非常に深刻な影響を与える物質のことである。発がん性物質とはがんを誘発し、発生率を高める物質または混合物のことであり、変異原性物質はＤＮＡの損傷、染色体異常のような遺伝毒性のうち、娘細胞（細胞分裂後に生じる細胞）や次世代の個体に変化が伝わる毒性のある物質である。そして、生殖毒性とは、男女の性機能及び生殖機能に悪影響を及ぼしたり、子孫に発生・成長への影響を与える毒性を発現させたり、授乳を介して子に影響を与えたりする物質のことである。

ＣＭＲ物質とは、具体的には、がん、不妊、流産、奇形胎児、発育不全の原因となる物質の総称である。

２０２０年の企業社会責任レポート（ＣＳＲ）によると、ＴＳＭＣの製造現場で使用される物質の化学分析を行ったところ、１７８のＣＭＲ物質の使用が認められたという。台湾の既存の半導体企業が申告したデータによると、工場から排出、及び放流された危険物質は、発がん性物質が25種、非発がん物質が53種と申告され、評価対象となっている。つまり、ＴＳＭＣのＣＭＲ物質の使用は他企業と比較しても多いのだ。ＴＳＭＣのこのデータは、回路線幅が3ナノメートルのチップの製造のものであるが、熊本のＪＡＳＭで製造される10―20ナノメートル台のチップ、さらには第二工場で生産予定の5―10ナノメートル半導体や、その他の拡張計画がある場合はその都度、使用されるＣＭＲ物質の化学解析もしっかりと行い、公表されるべきだろう。

ただ日本の場合、恐ろしいことに、たとえＣＭＲ物質が開示されたとしても法の整備が不十分であり、規制が難しい。ＣＭＲ物質は、化審法（化学物質の審査及び規制に関する法律）によって規制されているが、それは新規にＣＭＲ物質を輸入または製造する際に調査し、許可を出すものであり、具体的な工場からの排出に対しての規制ではない。つまり、工場からどれだけのＣＭＲ物質が排出されているのかは、国も自治体も調査しないし、近隣住民は知る術（すべ）がないのである。

工場周辺地域のがん罹患率

『新新聞』によると、台湾の半導体工場の周辺地域のがん患者数は、全台湾平均よりも遥かに高いという。

例えば、台南市の南部サイエンスパーク周辺の新市区、安定区、善化区、永康区の４区において、２００１年から２０１７年までの男女のすべてのがんの発生率は全台湾平均よりも明らかに高く、今も増加傾向にある。

また、新竹サイエンスパーク周辺の新竹県宝山郷、竹東鎮、新竹県東区において、２００１年から２０１５年までのすい臓がんと女性の乳がんの発症率が全台湾平均より高い。

中科后里七星サイエンスパークの周辺の后里の住民の肝がんの発症率も、全台湾平均より著しく上回っている。ただし、后里の住民に関してはもともとＢ型、Ｃ型肝炎の罹患率が高いため、そのことも要因として考えられるが、半導体工場の煙道と排水から、発がん性の高い六価クロム、ベンゼン、ヒ素、1、2―ジクロロプロパン、ダイオキシンなど５種の化学物質が検出されており、これらは肺がん、肝がん軟部組織肉腫、胃がんを誘発する。そのため、無関係だと断定することはできない。

がんの要因は複雑であり、原因物質も最終的には人体から代謝されてしまうため、一概に原因を特定することは難しい。しかしながら、いずれにしても半導体工場で使用される化学物質には発がん性があることは確かであり、半導体工場周辺で環境汚染指標性のがん（肺がん、肝がんなど）のみならず、全てのがんの発症率が明らかに高いことは事実である。そして、南部サイエンスパーク、新竹サイエンスパーク、中科后里七星サイエンスパークの全てにＴＳＭＣの工場があることも事実であり、関連がないとは言えないだろう。

さらに、工場拡張予定であった南部サイエンスパークは、約48・２ヘクタールの事業用地の拡張計画であるが、開発機構の健康リスク評価によると、拡張に伴って排出される１年間の発がん性物質の排出量の上位５種は、上からジクロロメタン２・０５３トン、テトラヒドロフラン０・４４８トン、１、４―ジオキサン０・１３９トン、テトラクロロエチレン０・０８９トン、スチレン０・０５１トン、非発がん性物質の上位５種は、塩酸16トン、アセトン９・２０８トン、アンモニア９トン、イソプロパノール８・４４４トン、フッ化水素酸７トンという。驚くべきことに、排出される危険物質の排出量はトン単位と、膨大なのである。この評価に組み込まれる発がん物質は、国際がん研究機関が２Ｂ以上に分類している、人に対して発がん性がある物質(possibly carcinoGenic to humans)である。そして、上位５種の発がん性物質のうち３種が２Ａに分類される、人に対して恐らく発がん性がある物質（probably carcinoGenic to humans）なのである。

つまり、半導体の製造工場では、ＣＭＲ物質の中でも発がん性の高い化学物質をトン単位と、大量に使用するということである。

熊本のＴＳＭＣ工場（ＪＡＳＭ）は約21・3ヘクタール、第二工場も同規模以上の工場が計画されているため、一概に単純算出することは不可能であるものの、排出量もやはり年間トン単位であることは予想できる。そして開発計画がさらに拡大されれば、排出量も大幅に増えていくことになる。

問題となるのは、周辺地域の住民がこれらの発がん性物質に長期的に、そして慢性的に暴露されることである。つまり、たとえ1～2年では目に見える影響が無くても、時間経過とともにがん罹患のリスクが確実に高まっていくことになる。

女性への重大な健康被害

半導体製造に使用されるＣＭＲ物質は、工場に従事する女性や工場周辺に住む女性にとって特に重大な危険性があると指摘する研究もある。

韓国の国家機関の研究で、半導体工場でチップを扱う女性労働者が白血病に罹る危険が、労働者全体より1・59倍高く、亡くなる危険性は2・8倍も高いという。同じ血液がんの非ホジキンリンパ腫では、死亡の危険が最大で3・68倍も高かった。韓国のマイクロエレクトロニクス産業内では、「サムスン電子」の工場で隣り合って作業し、まったく同じ化学物質を使用していた若い女性2人が、同種の白血病を発症した。また、研究陣は、甲状腺がん、胃がん、乳がん、脳と中枢神経系がん、腎臓がんなどのハザード比が増加した可能性も指摘している。

1980〜90年代、アメリカの半導体製造工場の労働者、特に女性労働者に流産などの異常が起こった。そして、その原因が工場の有害物質であるということで、アメリカは該当の物質の使用を中止していくと約束した。しかし実際は、半導体製造工場はコストの低い韓国や台湾に移り、有害物質を使用し続けていたのだ。

『クーリエ・ジャポン』の記事によると、韓国の何千人もの女性とまだ生まれていない子供たちが、少なくとも2015年まで、まったく同じ（使用中止されたはずの）有害物質にさらされ続けていた。そして、いまだに同じ状況で働いている女性もおそらくいるという。さらに別の調査によると、生殖機能への悪影響もいまだ解消していないという。

半導体業界は、「企業秘密」として全ての有害物質を公表していないため、公表せずに有害物質を使用し続けていた可能性が高い。韓国の医師であり、疫学者のキム・ミョンヒによると、半導体メーカーの工場で働く若い韓国人女性たちに何カ月も月経がないことは珍しくなく、まる1年も月経がないという女性もいたという。彼女たちは出産適齢期の女性たちだ。

2012年までの5年間に、サムスン、SKハイニックス、LGで働く年間3万8000人分のデータを調査したところ、女性たちは流産率が著しく高く、30代の女性については米国の工場で見られたのと同じくらいの流産率だったという。

注目すべきことは、この調査が韓国の中小企業や途上国のデータではなく、社会的信用の高い韓国最大手の半導体企業のものだということだ。

台湾においても、女性労働者が半導体製造の過程で発生する有害物質によって、不妊症、流産、催奇形性の生殖および変異毒性を引き起こす可能性が指摘されている。元々は労働部労働及び職業安全衛生研究所に所属し、現在は真理大学工業管理と経営情報学科副教授でもある謝功毅氏の博士論文によると、「半導体工場の女性労働者がグリコールエーテル類（エチレングリコール、プロピレングリコールを含む）の環境に長期間暴露されていると月経異常が生じ、妊娠までより長い時間が必要になる等の影響を報告しており、その結果は統計学上においても明らかである」という。しかし、残念ながら台湾政府は追跡調査をしていない。

このグリコールエーテルという物質は、半導体産業に関わる化学物質として、その安全性について各国で問題視されてきた。グリコールエーテルは、血液に大きな影響を与えることが証明され、女性への影響だけではなく、男性の精巣の縮小や精子の奇形を引き起こし、催奇形性や不妊症、流産などの生殖障害を引き起こす可能性が動物実験と同様にヒトでも確認され、一部の国ではこの物質を段階的に禁止している。しかし、台湾では依然として大量に使用され、日本でも禁止されていない。

また、半導体製造工程に不可欠なインジウムやその化合物も工場で働く従業員に大きな悪影響を与える化学物質だ。長期間吸入することで呼吸困難や胸苦しさ、肺線維症（はいせんいしょう）を引き起こすとされている。

人工透析率世界一の台湾

外資誘致を掲げてから、莫大な政府の開発資金が九州に流れ込み、市民はその恩恵に預かれるものと期待して湧き立っている。ところが、冷静に考えると、雇用効果は限定的、半導体不足解消を掲げて税金を投入したものの、その半導体は日本企業優先に供給されるわけでもない。この一連のＴＳＭＣ工場の誘致合戦は、台湾で問題となっている公害問題と水不足、電力不足問題を輸入する結果となったことに気がついた人は少ない。

台湾人にとってＴＳＭＣは、環境や健康と引き換えに国の経済を強くした面もあった。だからこそ、「栄光の代償」と冠した記事が台湾で報道された。台湾人が被ったこの甚だしい被害に対して、日本政府は「知らぬ、存ぜぬ」と水俣病問題からの反省がいっこうに見られない。

半導体製造工場は、その恩恵には与りたいが、これ以上自国には置きたくないというのが台湾政府の本音ではないだろうか。経営権や株を保有しながら、他の諸々の問題からは解放され、約５０００億円という巨額の補助金まで貰える今回のＴＳＭＣ工場の熊本への誘致には笑いが止まらないだろう。

台湾国内の環境汚染のために起こった台湾人の健康問題は彼らの人生を奪った。人工透析率は世界一、肺がん罹患率はアジア2位だ。もちろん台湾の環境汚染には諸々の要因があり、また、国民の疾患には様々な原因が複合的に関連していることは事実である。しかしながら、半導体産業が類を見ないほどの有害物質を使用・排出することも事実であり、ＣＭＲ物質や重金属が疾患の原因になり得ることも事実である。

台湾の汚染状況を鑑（かんが）みると、台湾の環境に対する意識が希薄であることに疑いの余地はなく、台湾の企業であるＴＳＭＣが熊本や日本の環境を真摯に考える可能性は非常に低い。自国ですら環境問題を引き起こす企業が、外国で環境問題を起こさないことなどあるはずがない。

熊本県民が失う美しい環境、健康な体、未来の命、漁業、農業、土地、労働力……国の愚かな政策のための重すぎる代償。しかもその代わりに得られる恩恵など、日本人にとってはないに等しい。

台湾においても、２００５年に中科サイエンスパークが設置される際には、汚染のないハイテク産業が入居することが再三保証されたために、住民は地元の繁栄につながることになるという楽観的な態度を抱いていたという。しかし、いざ建設が進み、パークに１００本以上の巨大な煙突が林立し、もくもくと黒煙が立ち上り始めると住民たちは徐々に異変を感じることとなった。

半導体工場による環境汚染や健康被害は不可逆的なものであり、一度汚染され、なくしてしまうと、二度と元には戻らない。最初は目には見えにくいが、時間をかけて静かに、そして確実に環境と健康を蝕む。

本書で紹介している情報の多くは台湾で報道された現実であるにもかかわらず、政府は問い合わせに対して「台湾でそのような報道があることを日本政府は把握していない」として、なかったことにしようとしている。さらには、熊本市の条例改正で、飛行機に乗って通勤するだけの住民票を置かない外国人にも「住民投票権」を付与しようと画策までしていた。

熊本県内の町議会議員、市議会議員、県議会議員は、このことを理解しているだろうか。それとも、知りながら推進しているのだろうか。

今こそ私たちが確かな情報を周知し、声を上げ、自らアクションを起こさなければ、生まれ育った美しく、懐かしい町や自然が破壊されていくのを目の当たりにするだろう。

ＴＳＭＣの電力消費は原発３基分以上に

半導体製造は、想像を遥かに超える量の電力を使用する。台湾のＴＳＭＣ工場の電力使用量は、２０２２年時点で台湾の総電力需要の６％を占め、２０２８年には13％にまで増加し、４５０億キロワットアワーもの電力消費量になると予測されている。これは台中の原子力発電所３基、火力発電所10基に相当する。

２０１９年のＩＥＡ国際能源署のデータによると、台湾の一人当たりの電力消費量は世界第８位で、寒い北欧諸国や、産油国に次ぐ。これは国民が電力を浪費しすぎているからではなく、電力を大量に消費する産業のせいだという。台湾では、総電力消費量の55％を産業が占めているという。そして、過去10年間、台湾の電力消費量は年平均１・６％のペースで増加し続けている。

台湾の元国家政策補佐官のハオ・ミンギー氏は、「半導体大手のＴＳＭＣの高い電力需要が、台湾の電力消費の増加を加速させる主要な要因である」と率直に指摘した。ハーバード大学の研究者であるＵｄｉｔ　Ｇｕｐｔａ氏と共著者は２０２０年の論文で、「テクノロジー産業において半導体の製造が二酸化炭素排出の主な原因である」と述べている。要するに、それだけ半導体工場は電力を消費し、発電所から大量の二酸化炭素が放出されるということを言っている。

現在建設中のＪＡＳＭだけでもかなりの電力を消費するが、ここに第二工場、さらに台湾でストップがかかり始めた開発計画規模の工場が追加された場合の電力消費は想像を絶するものだ。

『新新聞』によると、高雄の工場新設、中部科学園区、新竹科学園区、南部科学園区の工場拡張の４カ所合わせると３３６万キロワットの電力消費になるという。特に、高雄の新工場は規模が大きいため、１２６万キロワットも消費する。これは、台湾の原子力発電所１・７基分である。単純計算できるものではないが、ＪＡＳＭを発端にして、熊本で開発計画が進められていくと仮定した場合、原子力発電所３基分、もしくはそれ以上の電力が必要になってくる可能性は十分にある。

なぜ台湾では停電が頻発するのか

台湾のある電力関係者は『新新聞』に対して、「ここ数回の停電で従来の産業では停電が起きたが、ＴＳＭＣは一度も停電していない」と語っている。台湾の電力供給は需要に追いついていないが、台湾政府は投資を呼び込むために一部の重要な産業への継続的な電力供給を保証してきたという。

台湾メディア『Ｂｕｓｉｎｅｓｓ　Ｆｏｃｕｓ』によると、２０２１年5月17日夜に電力需要の過剰と供給能力の不足によって大規模な停電が発生し、約66万人に影響があったという。台湾では、この4日前の5月13日にも停電があった。

『新新聞』によると、台湾では２０２１年に約５００回、２０２２年の1月から5月までに約３００回の停電が起きている。台湾の停電の頻度は異常であると言わざるを得ない。しかし、この異常な頻度の発生にもかかわらず、ＴＳＭＣは停電を一度も経験していない。

台湾の停電の責任は誰にあるのか。『新新聞』は、台湾民進党政府はその責任を地域の設備の不備であると人為的ミスに帰したが、停電の本当の原因は非合理的なグリーンエネルギーへの転換にあるとしている。グリーンエネルギーは天候や時間帯、水量、風量に左右されるため、グリーンエネルギーのみに偏った電力供給をすると、発電量が高い条件時には「棄電（大量の電気が捨てられる）」という現象が起こり、悪条件になると大量の電力が消失する「ダックカーブ」となり、急激な電力不足に陥るのである。それを結局、火力発電や原子力発電で補うことになる。

再エネ使用を宣言したが……

半導体製造工場の電力消費量は莫大であり、ＴＳＭＣは現在、化石燃料電力に大きく依存している。ＴＳＭＣは２０５０年までに１００％再生可能エネルギーを達成するために、国際的な再生可能エネルギーイニシアチブＲＥ１００に参加することも発表した。これは良いことのように感じるかもしれないが、ＴＳＭＣの１００％グリーン電力のニーズを満たすために、どれだけの再生可能エネルギーが必要なのかと、考えるだけでも恐ろしい事態が想像できる。

２０３０年のＴＳＭＣの電力消費量は４００億キロワットに達する可能性があり、台湾環境計画協会の趙家緯会長によると、ＴＳＭＣの１００％グリーン電力の目標を達成するには、現在台湾政府が計画している太陽光発電20ギガワット、洋上風力発電５・６ギガワットよりも多い、32ギガワットが必要になるという。

現在でもＴＳＭＣは、すでに台湾の再生可能エネルギーの98％を消費しており、『Ｇｕ

ａｒｄｉａｎ』誌によるとＴＳＭＣはデンマークのエネルギー企業、オルステッド社と20年の契約を結び、オルステッド社が台湾海峡に建設中の９２０メガワットの洋上風力発電所から全エネルギーを購入したという。さらに、『新新聞』によると、ＴＳＭＣは大手洋上風力発電会社である沃旭とも直接契約を結んでいる。

ところが、その再エネ自身が環境汚染の要因になりかねない。『日経ＸＴＥＣＨスペシャル』によると、熊本新工場は、再生可能エネルギー１００％の「ＲＥ１００」を前提に建設・体制整備を進めているという。九州でグリーンエネルギーを今後増やしていくと予想されるが、そうなれば漁業への影響や環境汚染の問題は深刻である。

再生可能エネルギーは環境に良いというイメージを持たれているが、大規模に設置すれば自然や生態系を大きく破壊し、環境を重大に汚染する。洋上風力発電を有明海に設置する場合、建設時や運用時の漁場の変化・消失や、漁場へのアクセスの喪失、海中騒音による海洋生物への悪影響、潮の流れの変化や返し波、濁りの発生、電磁界などの心配がある。水中音によって魚に内臓の血腫や内出血などの障害が発生することがわかっている。カレイ類やホッケ、ハタハタなどの無鰾魚（むひょうぎょ）は特に音圧の影響を受けやすい。また、鮭（さけ）やウナギは地球の自然磁場を利用して回遊するため、有明海のウナギも影響を受けるだろう。

太陽光発電の設置にしても、設置に伴う大量の除草剤の散布や有害物質の漏出、土砂災害、パネル廃棄時の処理の問題が懸念される。

『西日本新聞』で報道された、メガソーラーの設置によって破壊された阿蘇山の姿が痛ましい。仮に、TSMCの莫大なエネルギー消費を賄うためにメガソーラーなどを増やすことになれば、熊本の観光資源であり、象徴でもある阿蘇山は、一層メガソーラーに覆(おお)われる事態になりかねない。阿蘇地域は火山灰土壌であり、急傾斜地も多いことから、土砂崩れしやすい地域である。草原の草は根を張り、水土保全機能を発揮して斜面を土砂崩れから守ってきた。草地は涵養効果もあり、熊本の豊富な地下水にも貢献している。

そもそもメガソーラーは、九州には不向きである。日本列島は地震が多いことに加えて、九州は台風も多く、メガソーラーの設備が破損する可能性は十分にあり得る。災害によって破損したパネルから有害物質が漏れ出る可能性は高い。太陽光発電に含有される可能性の高い有害物質は、鉛、カドミウム、ヒ素、セレンであり、かなり有害だ。実際、環境省の太陽光パネルの破砕片の溶出試験では、鉛、セレン、カドミウムの溶出が基準値を上回る値で検出されている。さらに、環境省のガイドラインでも「ガラスが破損した使用済み太陽電池モジュールは雨水等の水漏れによって含有物質が流出する恐れがある」とされている。また、太陽光パネルの廃棄はリサイクル・埋め立ての二通りであるが、埋め立ての場合の土壌汚染や地下水汚染のリスクが残されている。

つまり、ＴＳＭＣはこの点においても土壌・地下水の重大汚染の原因になり得るということである。

環境と家計を破壊するメガソーラー

再生可能エネルギーの拡大によるＦＩＴ賦課金（ふかきん）の増加は国民の家計を圧迫しているが、問題はこれだけに止（とど）まらない。太陽光発電や風力発電のような自然変動性の高い電源は、電力需要に応じた供給をすることができない。

太陽光の場合、晴天時は発電量が需要を超えてしまい、超過発電によって既設の火力発電所の稼働が低下し、固定費回収が遅れて火力発電のキロワットアワーあたりのコストが上昇する。逆に雨天時には、電力需要を満たすために火力発電を必要とするため、再生エネルギーをいくら増やしてもバックアップの火力発電をストップすることは不可能である。火力発電は稼働率が低いとコストが異常に高くなるので、それを日本社会で負担することになるのである。

太陽光パネル製造における人権侵害

日本の太陽光パネルの8割以上は輸入品で占められている。世界シェアの7割強が中国製、それに韓国、マレーシアが続き、3カ国で約85%を占めている状態である。つまり、メガソーラーは国内メーカーに利益が上がるような事業でもないのである。

だが、それだけではない。中国製太陽光パネルの活用についてはESG（環境、社会、ガバナンス）の観点から国際的な問題が首をもたげてきている。太陽電池のパネルは、高純度の多結晶シリコンウェハに光電効果を持たせる半導体処理を行って製造されているものだが、その多結晶シリコンの生産シェアの45%を中国の新疆（しんきょう）ウイグル地区が握っているとされる。つまり、太陽光パネルは新疆ウイグル地区の強制労働を助長するような事業なのである。

第四章

水を失った台湾
質・量ともに

森野ありさ

尋常ではない水の使用量

熊本は、市民の水道水の100%を地下水でまかなっている日本一の地下水都市である。阿蘇山の大火砕流(かさいりゅう)噴火で隙間の多い地層が形成され、水が浸透しやすいため、熊本地域に降った雨は地下水になりやすく、地下に豊富で良質な水が蓄えられる。加えて、水田や畑が豊富に水を涵養し、ますます地下水が蓄えられてきた。

しかし近年、都市化の進展や政府の減反政策、第一次産業の低迷で、地下水を蓄える機能を持つ「涵養域」が減少しており、地下水の量は年々減少している。菊陽町を含む11市町村は、県地下水の水位が低下している「重点地域」に指定されている。

そこに追い打ちを掛けるように、膨大な水資源を必要とし、台湾を水不足に陥れた半導体工場がこの地に来た。

TSMC熊本工場は70%の水をリサイクルしていくとしているが、それでも一日1・2万トンの地下水を汲み上げ、年間約438万トンの地下水が使われることになるという。２０２３年1月12日放送の『ＫＫＴ（熊本県民テレビ）』の番組の中で熊本県の蒲島知事は、工場で使用された水と同程度の量の水を、涵養を通じて地下水に戻す計画であるとしても、「将来的にもっと水の需要が進んだときに、地下水が足りなくなる可能性もある」と言及した。

ＴＳＭＣは熊本県菊陽町周辺に、初期に誘致された第一工場とは別に、同等規模以上の工場の新規建設の話を進めている。当該工場が稼働した場合には、半導体の微細度によって水の使用量は変わるが、倍の年間約８７６万トンを超える地下水を必要とすることになると予想される。

水の使用量が尋常ではない工場の建設を次々に決定しているが、本当に大丈夫なのだろうか。

実は、問題はすでに起きている。熊本県で井戸の掘削（くっさく）をする業者が２０２３年4月にＪＡＳＭからわずか2キロメートルの農地の井戸の水位が突然20メートル下がっているのを発見した。ＪＡＳＭはまだ稼働前なので、この水位の下降とは無関係だと思われるかもしれないが、実はＪＡＳＭ工場がどの程度の量の水を汲み上げることができるか把握するために、一部の井戸で試験的に地下水の揚水（ようすい）を行っていると、２０２２年7月19日の『熊本

TSMC　莫大な水の利用

- 台湾のTSMCは2020年に　19万トン/日、約7000万トン/年　消費

　→工場の拡張計画が進めば、2027年までに42万トン/日、約1.5億トン/年

（140万世帯分の水消費）

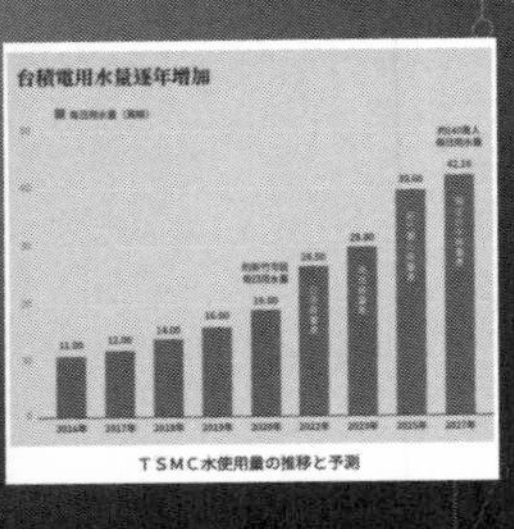

ＴＳＭＣ水使用量の推移と予測

日日新聞』で報道されている。つまり、試験的な地下水の汲み上げだけで地下水の水位が下がってしまったと考えられるのだ。

　そもそも、菊陽町で大量の地下水を汲み上げて良いのかどうかが疑問である。

　ＪＡＳＭが工場を建設している第二原水工業団地のすぐ隣に熊本セミコンテクノパークが存在している。ここの用地分譲要領には、「地下水を揚水しないでください」とある。ここがなぜ地下水の揚水を禁止されているのか問い合わせたところ、「随分前の案件なので、担当したものが不在だ」「何故地下水を汲み上げられないのかわからない」との回答だった。だが、地下水の汲み上げを禁止したのには理由があるはずである。

　さらに、台湾でＴＳＭＣ工場の拡張が中止となり、その工場を熊本県内で拡張する方向に進める動きがあ

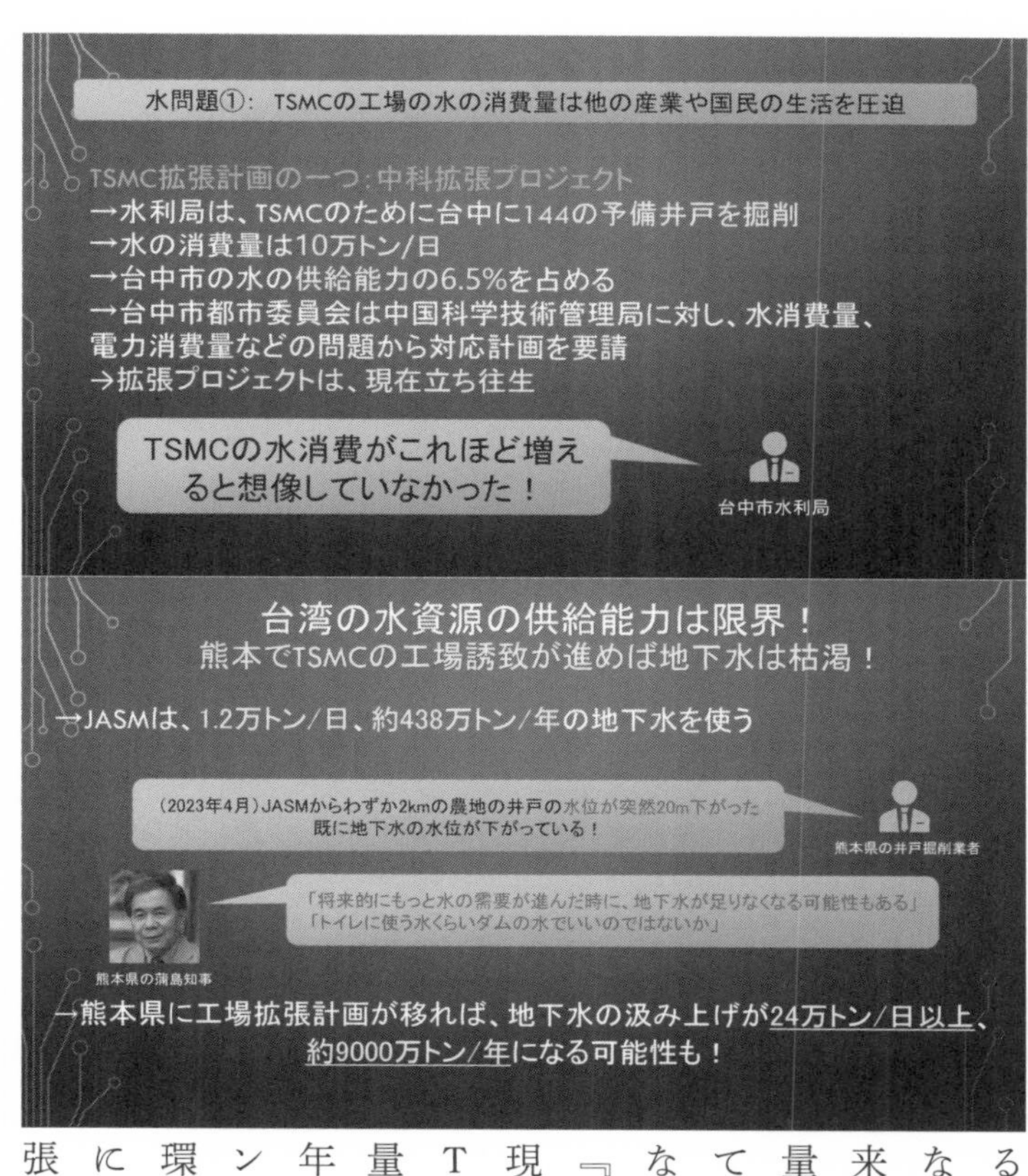

水問題①：TSMCの工場の水の消費量は他の産業や国民の生活を圧迫
TSMC拡張計画の一つ：中科拡張プロジェクト
→水利局は、TSMCのために台中に144の予備井戸を掘削
→水の消費量は10万トン/日
→台中市の水の供給能力の6.5%を占める
→台中市都市委員会は中国科学技術管理局に対し、水消費量、電力消費量などの問題から対応計画を要請
→拡張プロジェクトは、現在立ち往生
TSMCの水消費がこれほど増えると想像していなかった！
台中市水利局
台湾の水資源の供給能力は限界！
熊本でTSMCの工場誘致が進めば地下水は枯渇！
→JASMは、1.2万トン/日、約438万トン/年の地下水を使う
（2023年4月）JASMからわずか2kmの農地の井戸の水位が突然20m下がった
既に地下水の水位が下がっている！
熊本県の井戸掘削業者
「将来的にもっと水の需要が進んだ時に、地下水が足りなくなる可能性もある」
「トイレに使う水くらいダムの水でいいのではないか」
熊本県の蒲島知事
→熊本県に工場拡張計画が移れば、地下水の汲み上げが24万トン/日以上、約9000万トン/年になる可能性も！

るようだが、中止となった工場が熊本に来れば地下水の使用量は、今議論となっている量とは比較にならない量となる。

『新新聞』によると、現在、台湾におけるTSMCの水の消費量は一日19万トン、年間で6935万トンだ。そして台湾の環境影響評価報告書によると、工場の拡張計画によって水の

消費量は倍増し、一日最大42万トン、年間1・5億トンになるようだ。つまり、拡張計画によって、一日あたり23万トン、年間８３９５万トン増加する計算だ。もし、台湾で拡張される予定であった規模の工場が熊本に建設の場を移した場合、ＪＡＳＭと拡張計画の水の使用量を足し合わせて、最低でも一日24・2万トン、年間８８３３万トンの地下水を汲み上げることになる。

この地下水の利用規模を考えると、蒲島知事の「将来的にもっと水の需要が進んだときに、地下水が足りなくなる可能性もある」「トイレに使う水くらいダムの水で」という言葉の真意が見えてくる。

トイレの水に関しては、用途別に水道管を分けることは不可能であるため、台湾のように政府が企業に地下水を優先的に提供した場合、県民はトイレに限らず生活用水をダムの水で補う日が来るだろう。

また、地下水が不足すれば湧水（ゆうすい）も不足し、農業で灌漑（かんがい）に利用される水も不足することが考えられる。

事実、２０２１年に台湾で干ばつが起きた際、台湾政府は半導体企業に水の供給を優先し、その結果、農業用の灌漑水が枯渇し、農家に大打撃を与えた。ＴＳＭＣなどの半導体工場が建つ桃園地方や新竹市の農家は、水不足になると台湾政府が真っ先に農家を犠牲にすると怒り、「農家にとって、目の前で作物が枯れるのはとても辛いことだ」と嘆いた。

工場水使用量に頭を悩ませるアメリカ

アメリカのアリゾナに建設しているTSMC工場についても、大量の水資源の使用に対する懸念が広がっている。

『ニューヨークタイムズ』のジャック・ヒーリー記者によると、住宅や工場、倉庫が乱立するアリゾナ州バックアイの町長であるエリック・オズボーン氏は日々、水問題に頭を悩ませているという。アリゾナの成長の原動力は汲み上げられる数十億ガロンの水であるが、建設業者がフェニックスの至る所に進出して、さらなる水を求めている。

しかし、問題が判明した。最新の州調査によって、フェニックス地域の地下水供給量が今後100年の成長計画に必要な量より4％不足していることが判明したのだという。わずかな不足に感じるかもしれないが、この数字は国に開発計画を短期的、及び長期的に再考させるのに十分なものなのだという。

そこで、アリゾナ州は２０２３年6月、地下水の不足を理由にバックアイなどの地域で今後、住宅の建設を一部制限すると発表した。オズボーン氏の元には、心配の電話が殺到している。

米国経済誌『バロンズ』の２０２３年3月31日の記事によると、アリゾナでのＴＳＭＣの建設は、農業従事者や近隣のネイティブ・アメリカン部族との水をめぐる闘争に発展する可能性があると報じられた。ＴＳＭＣはアリゾナ州で最大６つの工場を建設する予定であるが、その場合、年間最大４万エーカーフィートの水が必要になる可能性があり、これは16万世帯に十分な量になる可能性があると試算している。フェニックス水道サービスの元取締役で、現在はキル水政策センターの研究責任者であるキャスリン・ソレンセン氏は、「綿密に計画を立てれば、干ばつは克服できる」と回答しているが、ＴＳＭＣと近くに建設を進めている競合他社のインテル（ＩＮＴＣ）は、水資源を争うようになるだろうと言われている。フェニックスは水の約40％をコロラド川から引いているが、コロラド川は20年間にわたる干ばつの後、川の流れは目標レベルを40％下回っている。コロラド川の水の約70％は農家に送られており、コロラド盆地全域で29以上のアメリカ先住民部族が水利権の主張を行っているため、水資源確保の争いは今後さらに激化すると予想される。
アリゾナ州は、水資源をどの産業に割り当てるか、産業の選別に直面している。

限界を超えた水供給

台湾の水資源は、半導体製造産業を支えるほどの余力はない。台湾は降水量はあるが、水を溜めにくい地形であるため、産業の発展や人々の生活に供給できる水資源が豊富とは言い難い。水資源の問題は深刻化の一途を辿(たど)っており、台湾政府やＴＳＭＣをはじめとする台湾企業にとって頭の痛い問題となっている。

２０２１年、『バロンズ』は「台湾の干ばつが止まらなければ、半導体生産の問題がアップルとテスラのチップ納入に影響を与える可能性がある」と指摘し、『財訊』も「水不足の状況がさらに悪化すれば、生活用水と工業用水の間で戦争が起こることは必至で、その場合ＴＳＭＣが毎日消費する膨大な水消費量の問題が表面化し、大衆の議論の争点となり、正常な操業が困難になる可能性がある」としている。

台湾の『ＴＶＢＳ新聞網』の報道によると、２０２１年のこの干ばつは、「１００年に一度」と言われるほど深刻なものであったが、２０１９年の南部地域の降水量も過去30年で最も少なかった。台湾の『台湾地区水資源管理者基本計画』によると、台湾の乾季の降水量は減少傾向にあり、将来的に慢性的な水の枯渇が予想されている。専門家らは、気候変動によって台湾の水不足は常態化する見込みだという。気象専門家の彭啓明氏は、「統計によると、台湾はかつて19年に一度、深刻な干ばつに見舞われていたが、それが徐々に10年に一度と頻度を増し、現在は2、3年ごとに起きている」と指摘している。

つまり、台湾は今後、短期的な干ばつに対応しながら、長期的な干ばつへの対策もしなければならないというのである。

しかし、台湾の貯水池の貯水量は全く足りていない。各貯水池の貯水率は、嘉義市の仁義潭貯水池で31%、蘭潭貯水池で40・1%しかないという（２０２３年3月2日時点）。ＢＢＣは２０２１年4月、台湾の半導体の大部分が製造されている新竹市の宝山第二貯水池の貯水率はわずか7%であると報じた。カナダのアジア太平洋財団によると、台湾の主要な貯水池の貯水率は4分の１程度であるという。水資源部副局長の王宜峰氏は、「２０１４年の高雄の水事情や、２０２１年の１００年に一度の干ばつ時の南部地域の水事情と比較しても、現在の貯水量は低い」と述べている。新竹市の水道会社によると、新竹地域の重要な水源である頭前渓の隆恩堰（せき）の取水量も２０２０年11月以降、平均で５～６万トン減少している。また、台湾のダムの沈泥（ちんでい）堆積量がダム全体の１／３、２０３０年には年には全体の１／２に達し、ダムの貯水量が半分になるとも言われている。

さらに、台湾の水道管は老朽化で漏水（ろうすい）率も高い。

台湾政府のＴＳＭＣの水資源確保は限界か

台湾では、拡張予定のＴＳＭＣの工場に水を供給するためのパイプラインや水再生プラントが必要になっている。そのため、台湾政府はＴＳＭＣの台湾工場のための水資源の確保に巨額の資金を投じなければならない。

例えば、桃園 - 新竹バックアップパイプラインプロジェクトは27・８億台湾ドル、石門貯水池 - 新竹相互接続パイプラインプロジェクトは68億台湾ドルの予算、さらに新竹の宝鶏貯水池の１・35メートル高の放水堰と南寮海水淡水化プラントが計画されている。新竹では、４つの大型プロジェクトが進行中で、数百億台湾ドルが費やされると推定される。また、台南科学園区に展開予定のＴＳＭＣの３ナノメートル工場と７ナノメートル工場のために、台南水資源局は３つの水再生プラントを建設中で、総工費は約70億台湾ドルだ。さらに、ＴＳＭＣ高雄工場のために２つの水再生プラント（１日10万トンの給水を想定）を建設するため、高雄市議会は台湾政府に74億ドルを求めている。

ＴＳＭＣの水資源確保のために、地方政府が水を再利用する費用や施設の建設費用は政府が徴収した税金から捻出されるため、実質的に台湾国民の負担となっている。

中科サイエンスパークのＴＳＭＣ工場拡張プロジェクトでは、台中市の水利局がＴＳＭＣのために１４４の予備井戸を掘削した。工場の水の消費量は一日10万トンであり、これは台中市の水の供給能力の６・５％を占めている。このため、台中市都市委員会は中国科学技術管理局に対し、水消費量、電力消費量などの問題から対応計画を要請し、拡張プロジェクトは現在立ち往生している。

狙われる熊本の水

ＴＳＭＣは台湾での工場拡張計画を軒並み中止し、熊本に工場を誘致する動きがあるが、これは台湾の水資源争奪戦や水不足への懸念を日本の水資源を使用することで解決したい部分も大きいだろう。台湾政府にしても、拡張プロジェクトのためのパイプラインや水再生施設の建設費を節約できるのは有り難い。台湾政府は水資源を海にまで求め、新竹、桃園、嘉義、台南、高雄の海岸沿いに「海水淡水化プラント」を建設する計画を２０２１年に提案していたが、熊本の地下水を自由に掘って利用できるなら、こんなに旨い話はない。

アメリカの場合、アリゾナ州のフェニックスは水の約40％をコロラド川から引いており、ＴＳＭＣ工場は水資源を確保するために大金を払うことになると思われる。水の使用量は相当なものになるので、その金額は莫大だ。さらに、地元の農民や先住民との対立も顕在化してきた。

水が豊富な日本に住む日本人、特に熊本県民は、水資源が世界的に渇望され、狙われているという意識が総じて低いのかもしれない。だが、ＴＳＭＣにとって熊本に工場を誘致して敷地内に井戸を掘り、好き放題に水を使用できるということは、笑いが止まらない好条件なのである。水資源の獲得の面からも、ＴＳＭＣはかなりの数の工場を熊本、あるいは九州のどこかに移してくるのではないだろうかと危惧する。

外国資本に売却される熊本の土地

『西日本新聞』によると、外国資本が日本国内で買収した森林の面積は、林野庁が調査・公表に乗り出した２０１０年から増え続け、２０２１年までの累計が調査開始時点比４・２倍の２３７６ヘクタールに達したことがわかったという。そして買収の動きは、森林以外の不動産にも広がっている。

中国では土地の私有や企業・個人による土地の売買は認められていないため、富裕層は海外に不動産を所有し、国内の政治、経済的リスクに備える傾向がある。北京の不動産業界関係者によると、日本は「規制が緩く、制裁リスクが低い」ために、中国の富裕層の間では日本の不動産への関心が高まっているという。

熊本県においても、水前寺江津湖（えづこ）公園として整備された一帯、約１３００平方メートルが約２億円で中国人に売却されている。一部では、地下水を汲み上げる目的なのではないかと危惧する声も上がった。

それが、今回のＴＳＭＣの工場誘致によって加速し、菊陽町の土地を求めて海外投資家からの問い合わせが急増しているという。熊本県は当初、「農地は守る」としていたが、熊本県の東区で農地を借り、農業を営んでいた農家が、地主にＴＳＭＣの関連企業に売却する候補地となったと言われたという。このままでは熊本県の農地がどんどん工業用地に変わっていく可能性が高い。一度工業用地として使われた土地は、もう農地に戻すことはできない。

台湾の農家も、ＴＳＭＣの工場の拡張によって土地を奪われてきた。例えば、新竹サイエンスパークでは土地利用が飽和状態となり、地元の農地がどんどん収用され、工業用地に変えられていった。新竹市宝山の米農家は、先祖が残した農地を失い、自分たちの住宅の土地も取られて引っ越しを余儀なくされているという。

ＴＳＭＣの拡張プロジェクトで予定されている土地は、高雄を除けば、全て農地やゴルフ場である。台湾ではＴＳＭＣを優遇しすぎる台湾政府の土地政策に疑問の声が噴出している。環境保護庁の前副局長である詹順貴氏は「(環境保護庁は科学工業区の共通審査基準を設定し）サイエンスパークは工業地を拡張しないと約束し、拡張するとしても既存の工業エリアで未使用の土地を探さなければならなかった」と述べている。『新新聞』はこの状況に対し、「農地の大量喪失により、取り返しのつかない食糧危機に直面することになる」と危機感を募らせる。

菊陽町は土地バブルに沸いているが、この経済効果など日本人にとっては一時のものである。外国資本の土地の爆買いによって地価や家賃が上がり、日本の若い世代が土地や不動産を購入することが不可能になるため、地域の日本人がどんどん減っていく現象が起こるだろう。そうなれば、町全体が外国化していくことになる。

「土地」が外資に取得されることは、日本の「領土」の侵害であり、国家の存続にかかわる。一度、売買契約が成立して所有権が移れば、何に利用するのか、どう開発するかは所有権者の自由だ。つまり、日本国内であるにもかかわらず、どのように開発、利用されても、もはや手遅れ。文句は言えないのである。

ＴＳＭＣは膨大な水と電力、土地を台湾政府に優遇してもらい、莫大な量と種類の有害物質で環境を汚染し、労働力を搾取したうえに企業が成り立ってきた。日本においてもＴＳＭＣは利益を上げるために、熊本の資源と土地を蝕み（むしば）、環境を汚染し、安く従順な労働力を求めるだろう。

国は熊本の地下水の調査をしない方針

令和5年5月11日、政治家女子48党の浜田聡議員によって、「地下水資源の適正利用に関する質問主意書」が提出され、同書では、ＴＳＭＣなどの半導体工場の進出が相次ぐ熊本市やその周辺地域の地下水利用に対する疑問点が質問された。

日本には、「工業用水法」という法律があり、「工業用水の合理的な供給を確保するとともに、地下水の水源の保全を図り、もってその地域における工業の健全な発達と地盤の沈下の防止に資することを目的」としている。しかしながら熊本県は、この法律の指定地域には入っていない。

この理由を政府は、『指定地域』については、法第二条第二項において、地下水を採取したことにより、地下水の水位が異常に低下し、塩水若しくは汚水が地下水の水源に混入し、又は地盤沈下している一定の地域が、その地域において工業の用に供すべき水の量が大であるか等の要件に該当する場合に定めることとされているが、お尋ねの熊本については、政府として、これまで把握している限りでは、同県内において工業の用に供するための地下水の採取による地下水の水位の異常な低下等を承知していないため『指定地域』としていない」としている。

熊本県のホームページ上の「地下水採取の手続きについて（熊本県地下水保全条例）」には、地下水の採取に伴い、地下水の水位の異常な低下、地盤沈下、塩水化などの障害が生じ、及び生ずる恐れのある『指定地域』に「熊本周辺地域」、「八代地域」、「玉名・有明地域」、「天草地域」の4地域が指定され、指定地域の中で「特に地下水の水位が低下している地域」を『重点地域』としており、「熊本地域」を指定している。「熊本地域」の中に菊陽町が含まれているため、菊陽町は「特に地下水の水位が低下している地域」だということになる。

よって、菊陽町は「工業用水法」の「地下水を採取したことにより、地下水の水位が異常に低下し、塩水若しくは汚水が地下水の水源に混入し、又は盤沈下している一定の地域」という条件に合致すると思われる。つまり、菊陽町において「工業の用に供すべき水の量が大」であった場合には、「工業用水法」の指定地域となり、国は菊陽町の地下水の水源の保全に乗り出さなければならない。

では、ここでいう「工業の用に供すべき水の量が大であるか」の具体的な水量は数値として設定されているのか、と浜田議員は問う。これに政府は、「『工業の用に供すべき水の量』が『大』であるか否かについては、工業用水の使用及び需要量を考慮して個別具体的に判断すべきものと認識しているため、お尋ねのように『毎時何立方メートルの水量』と一律にお示しすることは困難である」と驚きの回答をしている。

つまり、「大」と定義する具体的な数値（例えば「毎時何立方メートルの水量」）のような決まりがない。では、どうやって「工業の用に供すべき水の量は大なので、ここは指定地域にしよう」と決めるのだろうか。具体的な数値などがなければ、その都度、誰かの主観的な判断になってしまう。

また、浜田議員の「水循環基本法第十四条ないし第十六条の二に基づき、政府が熊本県で行った地下水利用に関する調査・施策を示されたい」という質問に対しては、「同計画に基づき設立された地下水マネジメント推進プラットフォームを通じた地方公共団体に対する地下水に関する情報の収集、整理、分析等に関する支援等を行ってきているが、お尋ねの政府による熊本県における『地下水利用に関する調査・施策』については、政府として、現時点で把握している限りでは、同法が施行された平成二十六年以降に行ったものは存在しない」と回答している。

要は、熊本県の地下水利用の調査・施策は、県に全て任せており、国はノータッチだということだ。台湾半導体工場の誘致事業は、政府が約5000億円もの血税を注ぎ込む大事業なのに、これではあまりにも無責任ではないだろうか。半導体製造工場が従来の産業と比較にならないほどの地下水資源を利用することを、政府が認識していないはずはない。

さらに、「政府は、地下水賦存（ふぞん）量調査を平成十九年から平成二十一年に行っているようであるが、政府が補助金を出す熊本県内の土地（政府が特定高度情報通信技術活用システムの開発供給及び導入の促進に関する法律第十一条第三項に基づき令和四年六月十七日に認定した認定特定半導体生産施設整備等計画（特定半導体生産施設整備等計画認定番号二〇二二半経第〇〇一号―一）内に記載のある『熊本県菊陽郡菊陽町、土地の所有権はＪＡＳＭ』と記載されている土地をいう。）は、地下水賦存量調査の対象であったか。対象であれば、第四系、新第三系の地下水賦存量及び安全用水量を示されたい」という質問に対して政府は、「平成十九年から平成二十一年に行った『地下水』のうち平成二十年度に行った調査については、お尋ねの「『熊本県菊陽郡菊陽町 土地はＪＡＳＭ』と記載されている土地」を含む熊本平野を対象としており、当該調査の報告書によれば、熊本平野における、一平方メートル当たりのお尋ねの『地下水賦存量』については、お尋ねの『第四系』が八・三六立方メートル、お尋ねの『新第三系』が〇・〇〇立方メートルであり、また、お尋ねの『安全用水量』とは、安全揚水量を指すものと考えられるが、これについては当該調査において調査を行っていない」としている。

要するに、菊陽町の「安全揚水量」すなわち「どれくらいの地下水を汲み上げることができるか」についての調査は行われていないということだ。

最後に、浜田議員は重要な質問を投げかける。「工業用水法の所管は経済産業省と環境省の共管であるが、その経済産業省は今般のＴＳＭＣが設立する工場に対し補助金を出すなど、むしろＴＳＭＣ日本進出を後押しする立場である。原発政策については、原子力利用の「推進」と「規制」を分離し、規制事務の一元化を図るとともに、専門的な知見に基づき中立公平な立場から、独立して原子力安全規制に関する業務を担う行政機関として、平成二十四年九月十九日、環境省の外局として原子力規制委員会が発足した。これと同じ原理を当てはめれば、地下水の利用を「推進」する立場と、「規制」する立場の省庁が同じであることは不適切であるから、工業用水法の所管を完全に環境省に移管すべきではないか」という。

つまり浜田議員は、「ＪＡＳＭの誘致を進める経産省が、地下水の利用を規制する担当も同時に担っているのは問題ではないか。これでは推進するために規制が甘くなるリスクがあるのではないか」と指摘しているのだ。

これに対し、政府は、「法は、特定の地域において、工業用水の合理的な供給を確保するとともに、地下水の水源の保全を図り、もってその地域における工業の健全な発達と地盤沈下を防止することを目的としていることから、経済産業省と環境省が一体となって法を所管する必要があり、御指摘のように『管を完全に境省に移管すべき』であるとは考えていない」と回答。

要は、「推進する立場の省庁が、規制する立場も同時に担当しているけれど問題ありません」と言っているのである。推進している組織が、事業の進捗を阻むような重大な調査結果や事実が発覚した場合に、わざわざそれを公正に公表するとは思えない。今回のＪＡ

ＳＭのように、水の使用量が膨大であり、他国でも水資源の利用に問題提起されている事業に関しては、「推進」と「規制」を分離することは特に重要ではないだろうか。

この質問主意書の政府の見解を要約すると、以下となる。

・国の法律として、地下水の使用に関して懸念のある地域に対して地下水を保全することを目的とする法律があるにもかかわらず、菊陽町をその法律の適用地域とは認めない。

・国が国民の血税約５０００億円を投じて進める事業であるが、地下水に関する調査は地方自治体に任せる。

・菊陽町の工場が、どれくらい地下水を汲み上げることができるかもわからない。

・地下水の使用に関する規制は、ＪＡＳＭの誘致を推進する側でもある経産省が行うが、問題ない。

政府は、熊本県の地下水に関して全く関心がなく、守る気もないようだ。

排水中には重金属、ＶＯＣ、有機フッ化化合物（ＰＦＡＳ）……

半導体製造は膨大な種類と量の、有害な重金属などの化学物質も使用する。従来の産業とは異なる多くの化学物質が製造プロセスで使用されており、土壌や水質汚染の原因となる軽金属のアルミニウムや、重金属類の使用量は非常に多い。

清華大学分析環境科学研究所のヤン・シュセン教授によると、TSMCが工場を構える新竹サイエンスパークの汚染水が排出される周辺の地域の重金属の値を調査したところ、2007年にガリウムもインジウムも10ミリグラムパーリットル前後だった値が、2022年時点ではガリウムが60〜120ミリグラムパーリットル、インジウムも20〜60ミリグラムパーリットルに増加していたという。アメリカ地質学会によると、地球の平均値はガリウムが19ミリグラムパーリットル、インジウムが0・1ミリグラムパーリットルであることを考えても非常に高い値である。ガリウムとインジウムは、半導体製造に使用される特有の重金属である。つまり、半導体工場由来の排水が重金属汚染の原因となった可能性が高い。

実際、新竹で養殖されていた牡蠣(かき)が緑に変色する「テクノロジー緑牡蠣事件(グリーンオイスター)」も発生している。これらの牡蠣は、世界平均の40倍の銅を含有していたという。新竹は牡蠣の養殖で有名な地域であったが、もはや養殖は不可能であり、半導体産業は漁業に致命的な打撃を与えた可能性がある。（ぜひ、「ＴＳＭＣが熊本の水汚染を引き起こす」https://www.youtube.com/live/ZmDrRjRqiWc?si=gZpnChFzuU7rBa9j をご覧ください）

製造プロセスで使用される重金属は、銅、ガリウム、ヒ素、ベリリウム、カドミウム、水銀、鉛、亜鉛、アンチモン、ビスマス、ゲルマニウム、セレン、インジウム、テルル、マンガン、タンタル、モリブデン、タングステンなど、挙げるときりがないほどである。これらの重金属はそのものが有害であるものや、化合物になるとさらに有害性が増すものもあり、強毒性のヒ化ガリウムなどは半導体製造の工程で多く使用されている。重金属は比重４と重く、土壌に吸着されやすく、水にも溶けやすい。そのため、金属汚染は土壌でも分解されず、地下水に浸透して土壌・地下水をともに汚染する。重金属は排水のみならず、排ガスにも含まれる。

ＴＳＭＣの２０２１年のＣＳＲレポートにおいて、「ＴＳＭＣは、高度なプロセスでの硫酸コバルトの使用を増やした」との記載がある。硫酸コバルトは、飲み込むと有害であり、遺伝性疾患のおそれ、発がんのおそれ、生殖機能または胎児への悪影響の恐れ、水生生物への毒性が指摘される物質である。また、排ガス中に含まれた場合、有害大気汚染物質に指定されている。

また、製造過程で多く使用されるアルミニウムも、宮城県保健環境センター年報第36号2018の「AOD試験を活用し，魚類へい死（魚がある程度の規模で突然死した）の主原因物質アルミニウムを特定した事例」という論文の中で、「アルミニウムは魚類に対する急性毒性を引き起こすことが明らかになったが、水質の環境基準項目ではなく、また要監視項目でもないので、指針値さえない。それゆえへい死事故の原因物質として推定されにくいというのが現状である。」としている。したがって、アルミニウムを含む排水は河川や海洋の生態系への影響が高い可能性があると言える。

さらに、軽金属・重金属に限らず、洗浄に使われるトリクロロエチレンやテトラクロロエチレンなどの揮発性有機化合物（VOC）も半導体製造工場の排水・排ガスに含まれる。揮発性を有し、大気中で気体状となる有機化合物の総称であり、トルエン、キシレン、酢酸エチルなど多種多様な物質が含まれる。VOCは、水に溶けにくいが、水よりも比重が重く、粘性も低いので土壌に浸透しやすく、地下水を汚染しやすい。発がん性など人体に有害な影響を及ぼすとされ、ごく微量であっても臭気、目・鼻・喉への刺激、めまい、頭痛などを引き起こすことがあり、化学物質過敏症の原因になるとも考えられている。

半導体の製造に不可欠な有機フッ化化合物（PFAS）も、工場からの排水などとともに放出され、土壌や地下水など環境中に蓄積され、また、ヒトへの有害性と生体蓄積性も指摘されている。一部のＰＦＡＳについては２０２５年にも欧米で廃絶する方向に進んでいるが、日本は例外的にＰＦＡＳを使用できる用途として、半導体のエッチング剤の製造等を定めている。

半導体製造は日進月歩であり、使用される化学物質の種類や量は常に変化し、また、随時入れ替え可能である。それに加えて熊本県も市も「ＪＡＳＭ（ＴＳＭＣ子会社）工場から排出される化学物質は企業秘密で開示できない」とし、行政機関の既存のチェック体制では、汚染物質排出管理はおろか、把握することすら難しいだろう。

前述したとおり、具体的なデータが存在している化学物質は、現存する化学物質の１０００分の2もないため、工場周辺住民は、未知の被害と常に隣り合わせなのだ。

地下水の流動はとても緩やかなため、一度汚染されるとその回復には長い時間と膨大な費用を要する。台湾で汚染された水や土壌の除染には、数百年を要すると言われている。

ＴＳＭＣ熊本工場（ＪＡＳＭ）から排出される汚染水は、菊陽町の下水道を通って熊本県の北部浄水センターに一旦溜められ、涵養を通じて坪井川に流され、有明海へと流れていく（図4参照）。県によると、汚染水の調査には水質汚濁防止法と下水道法が適用され

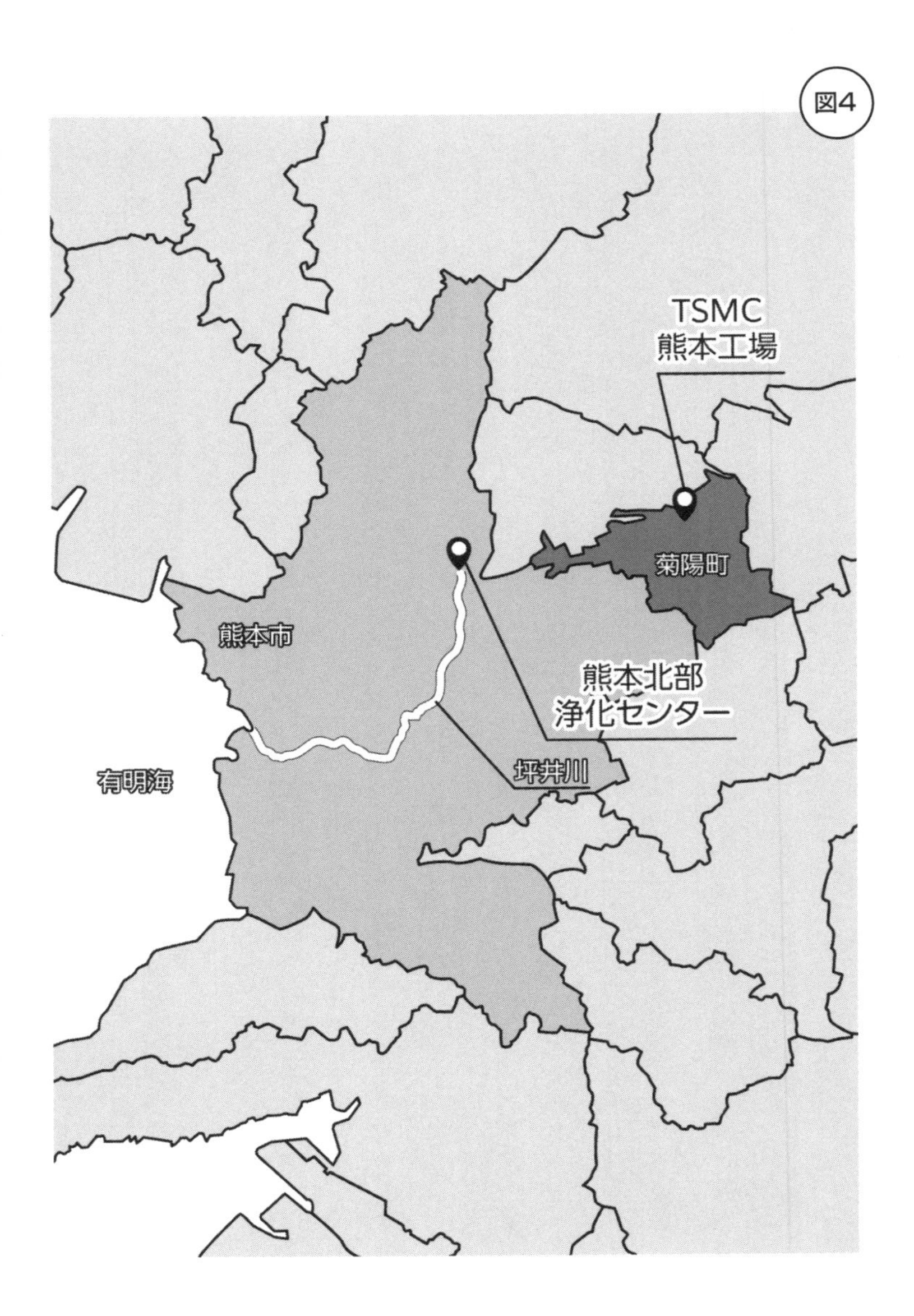
図4
TSMC
熊本工場
菊陽町
熊本市
熊本北部
浄化センター
坪井川
有明海

るというが、調査品目数は水質汚濁防止法の有害物質と下水道法の健康項目（調査項目は同一）がわずか28品目、下水道法の環境項目が14項目であり、重金属類の調査品目数はごくわずか。そして、下水処理場では生物学的処理（微生物処理）できる物質のみ処理可能であるため、半導体工場から出る有害物質の徐害はほとんどなされない。

つまり、調査対象外の多くの有害物質は、下水道から河川へ垂れ流され、河川そのものと周辺の土壌、地下水を汚染し、海へ垂れ流されることになる。

もちろん、金属元素には、極微量では無害なものや、必須元素も存在するが、過剰な摂取は生体に重大なダメージを与える。ヤン・シュセン教授は、たとえ排水に含有される化学物質の量が基準を満たしていたとしても、長期間、大量に排水された場合には、蓄積される総量は莫大な量になる。直接的な証拠はないが、台湾の西海岸の生物多様性は依然として悪化している、と述べている。

土と水の有害物質は何十年、何百年と……

台湾『TVBS新聞網』の2017年10月20日の記事の中で、半導体をはじめとするハイテク産業が環境と健康に多大な被害をもたらすことが指摘されている。「テクノロジーというと、多くの人は進歩、環境への配慮、未来を思い浮かべるだろうが、テクノロジー産業は実際には汚染や死と同義である」と記者は述べる。

インタビュー形式で進む記事の中で記者は、「長年隠されてきたテクノロジー業界の秘密が、今では人々に認識できなくなり始めている」と述べ、最前線である工場従事者や工場の近隣住民の叫び声がかき消され、無視されている実態を指摘する。対談相手の専門家は、「人々は病気になり始め、しかもそれは非常に奇妙な病気だった。ますます多くの症例が発生し、多くの人が（工場に対して）疑い始めた。少数のグループについては、おそらく職場での化学物質への暴露に関連しているのではないかと考えた」という。

1970〜80年代、シリコンバレーでは多くの人々がハイテク産業に関わることに沸き立ったが、徐々に異変に気づき始めた。脳腫瘍や皮膚がん、乳がんなどが発生した。「シリコンバレーで当時、製品の製造に使用された溶剤が、今でも地下水に残存し続けている」と前出の専門家は続けた。

1970〜80年代のシリコンバレーの姿は、現在の熊本に重なる。

今、熊本はTSMCがもたらすとされる経済効果に期待を寄せ、歓迎しているが、環境と健康への悪影響は遅れて必ずやってくる。多くの人は、技術の進歩で有害物質の除去や廃棄物処理は改善されていて心配ない、と幻想を抱いているかもしれないが、それは大きな誤解である。現在でも工場の従業員や近隣住民は得体の知れない症状に苦しんでいる。今の半導体産業で使用される化学物質については、専門家ですら知らないものも多く、除去システムも完全であるとは言えない。環境や人体への有害性は未知数であり、一度、土壌や地下水が汚染されれば、その汚染物質は何十年も残り続けるのである。

熊本県では既に汚染問題は起きていた

1991年9月に発覚したトリクロロエチレンによる水質汚染で、飛田水源地2号井は32年経った今でも取水停止となっている事実を熊本県民は忘れてはならない。このトリクロロエチレンはVOCの一つで、半導体の製造には欠かせない物質である。無色透明で見た目では汚染がわからないが、国際がん研究機関の発がん評価では高い発がん性が指摘されている。最近の研究では、精子の減少や受精率の低下も懸念されている。

そしてVOCは、自然にはほとんど分解されず、環境中に蓄積されていく。飛田水源地2号井のトリクロロエチレンの濃度は依然高いままであるという。つまり、一度汚染された地域は、不可逆的な被害を被ることになるのだ。

豊かな生態系と海洋資源を有する有明海

有明海は福岡県、佐賀県、長崎県、熊本県の4県に囲まれた豊かな海域だ。干満の差が日本一大きいため、潮の流れが速く、この速い潮の流れによって湾の隅々まで酸素や栄養分が行き渡り豊かな生態系がつくられている。国内での記録が有明海だけに限られる有明海特産種が23種、有明海以外ではごく限られた海域にしか生息しない有明海準特産種が40種以上も確認されている。ムツゴロウ、エツ、ワラスボ、ハゼクチなどは有名だ。

美味しい海産物も豊富であり、クチゾコ（舌びらめ）や、アサリ、ハマグリ、紋甲(もんごう)イカ、天然うなぎ、クエ、渡り蟹、スズキ、牡蠣などが獲(と)れる豊かな漁場である。さらに、言わずと知れた日本最大の海苔の養殖場を有し、日本の海苔生産の約４割がこの有明海で生産されている。豊かな海で育った海苔は、最高品質を誇る九州の特産品であり、特に佐賀県の最高級「佐賀 海苔®有明海一番」は、香り・味・口溶け・色ともに文句なしの最高級品として人気が高い。

汚染物質が最終的に行き着く先は海だ。ＴＳＭＣの工場排水の汚染物質によって、この豊かな海の生態系と漁場は壊滅的な状態となるだろう。坪井川の河口付近は海苔の養殖場が多く点在する場所であるが、ここに有害な物質が流れ出るのである。さらに、有明海の潮の流れは反時計回りである。つまり、有明海の特徴である早い潮の流れに乗って、坪井川から流れ出た有害物質は佐賀県・福岡県・長崎県まで影響を及ぼす可能性があるのだ。

さらに有明海は湾であり、閉鎖性海域であるため、汚染物質が滞留・蓄積しやすいことが考えられる。そのため、汚染の酷い台湾の西海岸よりも条件が悪く、被害がより深刻化する可能性が高い。

閉鎖性海域に排水を流すなら総量規制を

湖沼・内海・内湾等の閉鎖性水域では、外部との水の交換が行われにくく、汚濁物質が蓄積しやすいため、水質の改善や維持が難しい。半導体製造工場は、非常に分解されにくく、蓄積しやすい重金属や、VOC、有機フッ化化合物、COD（化学的酸素要求量）が高い物質を大量に排出するので、閉鎖性海域に排水する工場を建設するのであれば、汚染リスクの高い物質の総量規制は必須なのではないだろうか。

TSMCの「2021 Sustainability Report」によると、TSMCは先進プロセスでの、IPA（イソプロピルアルコール）の使用量が増加傾向にあると記載されている。

「Environmental Engineering Science 2019」の論文「Characteristics of Biological Treatment of Isopropyl Alcohol Wastewater」によると、IPAを含む廃水は、その有機毒性とCODが高いため、生物学的アプローチを使用して処理するのが困難であり、生物学的処理プロセスにおける微生物の活動に悪影響を及ぼし、微生物の活動は微生物が環境の毒性にどの程度適応できるかによって異なるとされている。

つまり、IPAなどのCODの高い排水が大量に処理場に流れ込んだ場合、下水処理場の微生物の活動に悪影響が出ることが予想され、下水処理場の処理能力が著しく低下する可能性が高いと考えられる。環境省の一般排水基準の表中の「その他の項目」の中の化学的酸素要求量（ＣＯＤ）の許容限度は１６０ミリグラムパーリットル（日間平均１２０ミリグラムパーリットル）とされているが、ＴＳＭＣの「2021 Sustainability Report」によると、２０２１年度の平均ＣＯＤ濃度レベルは１８０ｐｐｍ［ｐｐｍ＝ｍｇ／Ｌ］と記載されている。この濃度のＣＯＤが下水処理場に流れ込んだ場合は、処理場の負担が重くなり、処理場の機能の低下が危惧される。

　また、ＣＯＤは海に貧酸素水塊を発生させる。貧酸素水塊は酸素が少ないばかりか、海底から栄養分が溶出したり、硫酸還元菌の働きによって毒性が強い硫化水素が発生したりすることもあり、海底付近の生物のみならず、沿岸の生物の生存を脅かすものである。

　重金属に関しては、熊本県民にとっては悲しみの記憶として深く刻まれている「水俣病」が思い起こされる。水俣病は、１９５０年代頃に発生した中枢神経を中心とする神経系が障がいを受ける中毒性疾患で、工場から排出されたメチル水銀化合物を含む魚介類を摂取することで生じた日本の公害病である。前述したとおり、半導体工場の排水量は膨大な量になるため、含まれる重金属の総量は莫大な量となる。

　２０２４年に稼働予定の熊本県菊陽町のＪＡＳＭだけでも、汚染物質の総量は莫大であると見込まれるが、これから九州に第二工場、第三工場……と、増えていく可能性が高い。

これらの工場の排水の行き着く先が有明海になるとすると、有明海の海洋資源はとてつもない被害を受けることになるだろう。その被害の規模を想像するだけで背筋が凍りつく。

実は日本には、指定された水域において、排出してよいＣＯＤなどの総量を規制する「水質総量削減制度」が存在する。しかしながら、残念なことに有明海は指定水域ではない。

『水質汚濁防止法第4条の2第1項』の「総量削減基本方針　第四条の二」によると、総量の削減に関する基本方針を定める「指定水域」の要件は、「人口及び産業の集中等により、生活又は事業活動に伴い排出された水が大量に流入する広域の公共用水域（ほとんど陸岸で囲まれている海域に限る。）であり、かつ、第三条第一項又は第三項の排水基準のみによっては環境基本法（平成五年法律第九十一号）第十六条第一項の規定による水質の汚濁に係る環境上の条件についての基準の確保が困難であると認められる水域」であるという。この「指定地域」においては、工場・事業場のみならず、生活排水等も含めたすべての汚濁発生源からの汚濁負荷量について、総合的・計画的に削減を進め、化学的酸素要求量（ＣＯＤ）、窒素含有量、及びりん含有量の削減目標量を示すことになっている。

有明海は今後、ＴＳＭＣの工場や関連工場が集中することが見込まれ、排水が大量に流入し、ほとんど陸岸で囲まれている海域である。条件に合致するように思われるので、ぜひとも「水質総量削減制度」の「指定水域」に加えていただきたい。そしてＶＯＣ、有機フッ素化合物、重金属排出の総量規制も進めてもらいたい。

台湾の「猛毒グリーンオイスター」

台湾では重金属を多く含有する緑色の牡蠣が、西海岸で多く発見されている。

２００４年末、国立台湾大学海洋研究所のＬｉｎ Ｘｉａｏｗｕ教授によると、新竹の象山地域の牡蠣の銅含有量は 世界平均の40倍に匹敵する、１０００ｐｐｍに達していたという。台湾の人々は、この原因を新竹サイエンスパーク（ＴＳＭＣの半導体製造工場が位置するエリア）であると指摘した。

しかし、サイエンスパーク側は、排水が国家基準に準拠しているとするデータを提出し、異義を唱える意見を無視したという。そこで、台湾の財団法人公共電子文化事業基金会のニュースメディア『我們的島』は問題を調査した。

元々、新竹は養殖牡蠣の名産地であり、１００年以上の歴史がある。しかし、牡蠣の収穫にあたった養殖業者は、牡蠣が不自然な青緑色をしていることに気づいた。これらの青緑色の牡蠣は、収穫しても売れず、新竹の漁業従事者は大きな打撃を受けた。

調査によると、これらの牡蠣に含有されていた高濃度の重金属は、新竹サイエンスパークの排水が原因である可能性が非常に高いという。本章の【排水中には重金属、ＶＯＣ、有機フッ化化合物（ＰＦＡＳ）……】で取り上げた清華大学分析環境科学研究所のヤン・シュセン教授によるインジウムとガリウムの調査は、このグリーンオイスターが発生した同エリアで行われており、新竹サイエンスパークにおいて半導体工場の排水が重金属汚染の原因の一つであった可能性が高いことを示している。半導体の製造過程で多くの銅を使用する。そのため、高濃度の銅を含む廃液が排出されていた可能性が高い。新竹市の問題のエリアで、半導体工場から排出されている重金属を含む廃液が適切に処理されていた場合、希少性の高いインジウムやガリウムは真っ先にリサイクルされているはずだが、これらの環境中の含有値が著しく増加している点から、銅も適切に除去されていなかったことが疑われる。銅汚染に関して半導体工場を無関係とすることはできないだろう。

サイエンスパークの排水の銅の含有量は０・０３ｐｐｍであり、国の基準である３ｐｐｍよりもはるかに低かった。しかしながら、問題は排水中の有害物質の濃度ではなく、総量だ。いくら排水中の重金属の濃度が基準を満たしていても、排水量が多ければ重金属は蓄積されるのである。

国立台湾大学のＬｉｎ　Ｘｉａｏｗｕ氏は、「排出される排水は基準を満たしているものの、1日に9万トンの排水（に含まれる重金属）が蓄積されるというのは恐ろしい数字であり、象山海域の自浄作用の範囲を超えている」と述べている。さらに、水質検査を担当する地元の環境保護機関である新竹市環境保護局も、「象山の牡蠣（の重金属の含有量）は長年の（重金属の海域への）蓄積の結果である」と指摘している。

２０１４年にも同様の緑の牡蠣が台湾の問題としてニュースや新聞で取り上げられている。

『自由時報』は、農業評議会風土病生物学センター生息地生態グループの准研究員、劉京玉氏が「桃園海岸は銅、亜鉛、クロム、ヒ素、ジルコニウム、チタン、トリウムなどの重金属汚染が他の地域の数倍から数十倍に及ぶ」と指摘したと報じた。桃園地方にもまた、ＴＳＭＣをはじめとする半導体製造工場があり、桃園海岸に排水を流している。

台湾のネット上では、「桃園海岸の悲劇！　緑色の牡蠣があちこちに溢れ、汚染された魚介類は食べるのが怖い」というタイトルの記事が上がり、「桃園地方同盟」の調査を引用しながら、桃園の海岸線の数キロメートルにはアオガキが生息しており、桃園の海岸は重金属によって汚染されていることを指摘した。

しかし、桃園県政府情報局は「桃園海域の基準値を超える重金属含有量は検出されなかった」と発表。これに対して、Ｆａｃｅｂｏｏｋ上の組織「我是中壢人（私は中壢出身）」の代表、汪昊宇氏と桃園潘中正氏は、県政府が「ナンセンスなことを言っている」「県政府職員を連れて行けばよい」「桃園の海岸でいつでも緑の牡蠣を獲ってください」「緑の牡蠣は目の前にあります。桃園の沿岸地域が重金属によって汚染されていることは議論の余地のない事実です。公式声明は消極的かつ回避的ですが、人々の日常の食の安全に有害です」と批判したという。中正氏は、「園北海岸の藻礁（そうしょう）はとうの昔に絶滅した」「今では残り4キロメートルに及ぶ関新海岸の藻礁さえも緑色の牡蠣だけが生息しており、重金属によって汚染されている」とも述べている。

『三立新聞台』は、この緑の牡蠣について、その毒々しさは見た目だけの問題ではなく、内臓や脳に多大な影響を及ぼすことを指摘している。報道によると、テクノロジー緑牡蠣は濃い緑色、または蛍光緑色になっており、嫌な化学臭がするという。内臓や脳にも影響を与える可能性があるとし、「桃園地方同盟」の潘仲正主席は、「大量に食べると、すぐに嘔吐、頭痛、胃けいれんなどの関連症状が現れる可能性がある。長期間食べていると、体内に蓄積してしまう」「肝臓、腎臓、脳を損傷し、脳性麻痺を引き起こす」と述べた。

もちろん、台湾の重金属汚染の原因となっている産業は半導体製造業だけではないだろう。しかしながら、新竹市や桃園地方は半導体産業が盛んな地域であり、半導体産業が様々な重金属を多用し、重金属を含む排水の量が他産業とは比較にならないほど膨大であることは明白な事実である。

さらに、もう一つ注目しなければならない点は、台湾の西海岸の重金属汚染海域は閉鎖性海域ではない点である。閉鎖性海域ではない台湾の新竹市や桃園地方の海岸でさえ重金属による海産物の汚染被害が深刻であることを鑑みると、閉鎖性海域である有明海に流れ着く河川に半導体製造工場の排水が放出されることが危険であることは火を見るより明らかである。

半導体排水が微生物に与える影響の研究

国立陽明交通大学環境工学科の黄志彬教授は2015年に、「半導体の混合毒性排水がオオミジンコとゼブラフィッシュ胚に与える影響」という論文を発表している。

半導体製造業は、製造工程ではさまざまな毒性の高い化学物質が使用されており、排水の排出量が多く、排水の成分は複雑である。そこで、オオミジンコとゼブラフィッシュ（ダニオ・レニオ）の胚と、半導体廃水中の代表的な有害物質であるアンモニア態窒素と水酸化テトラメチル、水酸化テトラメチルアンモニウム、銅を人工的に調製した模擬廃水を用いて調査したという。

その結果、混合毒性影響は試験対象の生物および観察エンドポイントによって異なるが、銅が半導体廃水における混合毒性影響の傾向に影響を与える重要な有毒物質であることがわかったほか、稚魚の催奇形性形状の変化と心拍数の異常から、有害物質を混合した場合と単一の場合の物質の生物学的毒性のメカニズムが異なるとみられ、混合物質の毒性は単一物質の毒性よりも強いことが示されたとしている。

つまり、半導体工場の排水のように、多くの有害物質が混在した排水は、生物に対してその毒性が増す可能性があるということである。

第五章

汚染黙殺の台湾。そして、熊本は？

森野ありさ

汚染を台湾政府は黙認し、住民は抗議

熊本県は、県民の問い合わせに対して、「ＴＳＭＣが台湾で環境問題などを起こしている話は聞いていない」としているが、これは単に台湾政府が国家事業である半導体製造の企業を優遇し、違反を容認してきたことが要因であると思われる。台湾においてＴＳＭＣは最も重要な企業であり、２０２１年には台湾のＧＤＰの約19％を占めている。日本においてはトヨタグループ関連全体で約10％であり、トヨタが倒れたら日本経済は大打撃を受けると言われていることを考慮しても、ＴＳＭＣが台湾においてどれだけの影響力があるのかは容易に想像できる。そのため、ＴＳＭＣは台湾政府から多大な優遇や黙認を受けてきた。

実際には、台湾国内でＴＳＭＣに対する多くの抗議活動が起きている。

例えば、２０１５年６月６日、台中市でＴＳＭＣの工場の拡張に対して抗議活動が起こった事例をご紹介する。

抗議の内容は、ＴＳＭＣの台中市の既存の工場では、「再生エネルギーを１００％使用し、森林伐採は行わない」というＡｐｐｌｅ社（ＴＳＭＣはＡｐｐｌｅ社の下請けである）の原則に違反しているだけでなく、大気汚染、水質汚染、有毒廃棄物汚染などを引き起こしながら、57カ所の石崗ダムから水を大量に消費し、年間１・８万トン以上の有毒廃棄物を生成していたというものである。煙道ＧＣ―ＭＳの調査でも多くの試験結果において発がん性物質が検出され、数多くの調査結果が２００４年に承認された環境影響評価の基準を上回っていた。

しかし、台湾の環境影響評価の機関（ＥＩＡ）はそれを否定した。工場拡張による汚染、電力消費量、水消費量の「増加分」の調査結果のみを評価し、環境影響評価の基準を超えないとして、ＴＳＭＣ工場の煙道の発がん性物質も非発がん性だと記載された。ＥＩＡは不正の疑いがあり、環境保護団体の代表者らはＥＩＡ会議でこの問題を明らかにするよう求めたが、魏国燕委員長（環境保護庁長官）が警察を派遣して現場を撤去させ、最終的にＥＩＡ委員会の秘密室での議論を経て環境影響評価が承認されたという。工場を段階的に拡張し、「増加分」のみを環境影響評価の対象にするというのは、ＴＳＭＣの常套手段であり、ＥＩＡは半導体企業の汚染を黙認してきた。

このように、台湾政府はＴＳＭＣの環境問題を容認する傾向があるため、抗議活動家たちはＡｐｐｌｅ社に対して環境汚染について調査し、違反を公に説明することを要請したのだ。

実はこの抗議活動の１カ月前の5月8日に、「主婦連合環境保護財団台中支部」などの団体や、東海大学や東海台湾文化研究院の学生が集結してＴＳＭＣの工場の拡張に反対した。「ＴＳＭＣは環境評価報告書に５０００本の樹木を伐採（ばっさい）すると記載しているが、実際には約15万本の木を伐採している」と「台灣護樹團體聯盟」の張美輝氏は訴えた。「台灣護樹團體聯盟」は台湾のＮＧＯであり、『Ｆａｃｅｂｏｏｋ』に17万人のフォロワーを持つ。台湾の人口は約２０００万人なので、同団体は非常に大きい。同団体は『Ｆａｃｅｂｏｏｋ』上でも「ＴＳＭＣが密かに新工場を建設していたことを知りました！　保存するはずだった森は伐採され、残った森は公園になってしまいました！」と怒りを露わにしている。

開発地域の風下に位置する東海大学の学生は、「学校からは台中盆地全体を覆う霧と黒い排ガスが見える」「（サイエンスパークの）多くの製造業社が夜中に密かに排ガスを放出しており、その臭いは焼けた金紙より刺激が強い」と述べ、別の学生は、「周囲の友人が皮膚や呼吸器のアレルギーに悩んでいる」「10～20万人の住民を犠牲にしてまで、７０００

人の雇用機会を獲得すべきではない」と指摘した。

約2週間後の5月24日にも大雨の中、30以上の環境団体・市民団体と400人以上の市民が集結し、中科サイエンスパークのTSMC工場の拡張に反対する抗議活動パレードが行われた。スローガンは、「ブラックボックスの環境影響評価は拒否する！」「森林を返せ！」「汚染をするな！」。リレー演説で市民は、「水の消費量が多く、汚染度の高い工場を台中に建設して、市民に何のメリットがあるのか！」「自然林を伐採するな！」と叫んだ。工事の始まった山全体を空から見ると、鬱蒼(うっそう)とした森に大きな穴が掘られ、黄土層全体が露出していた。集まった環境保護団体や多くの市民団体がTSMCの工事を直ちに中止し、環境アセスメントの通過を取り消し、調査を再開するよう求めた。台中市の林嘉隆市長もこれに支持と肯定の意を示して、サイエンスパークとTSMCに対して排水と排ガスの適切処理、廃棄物リサイクルの促進、VOCの削減、地域の生態保全調査の実施を義務付け、「環境影響評価の撤回」について4つの行政訴訟が進められたという。

結局、住民の猛抗議にもかかわらず工事は再開されることになり、TSMCは住民を納得させるための方法として、環境保護の条件をいくつか提示した。だが、その内容は、首を傾げざるを得ないものであった。あたかも大気汚染の原因が藁(わら)の野焼きだとでも言うように、１０００ヘクタール分の藁を購入するというものであったり、粉塵を減らすためとの名目で道路の清掃をするというものであったりして、根本的な原因が全く解決されない、小手先の方法で住民を黙らせようとするものであった。植樹も約束されたが環境団体は、「草原にまばらに植樹をしても、失われた生態系が戻るわけではない」と肩を落とした。

このような経緯で住民は政府機関に落胆し、最後の頼みの綱として、Ａｐｐｌｅ社に調査を訴えたというわけだ。

他にも、２０２２年、ＴＳＭＣが高雄市の高雄製油所の跡地に新工場の建設を開始した際にも住民による抗議活動が起きている。

新工場の建設予定地の高雄製油所の跡地の土壌汚染のレベルは非常に高く、台湾史上最大の土壌および地下水汚染サイトであり、汚染面積は１７６ヘクタールもある。ＴＰＨ（全石油系炭化水素）、ベンゼン、トルエン、ナフタレンおよびその他の化学物質によって汚染された土壌は、３６０万立方メートルに達すると推定された。

高雄市の陳志梅市長は、ＴＳＭＣ誘致のために林欽栄副市長、廖泰祥経済発展局長らを率いてＴＳＭＣ幹部らを訪問し、蔡英文総統にも協力を要請した。そして、ＴＳＭＣに土地を引き渡すために、ＣＮＰＣの見積もりでは汚染を基準以下にするには17年はかかるといわれていた汚染処理をわずか2〜3年で行うと発表。2023年までに作業を終えるようにAECOMなどの土地汚染修復業者に要請した。AECOMの中国・台湾環境部の副部長であるチャン・シェン氏は、「ミッション・インポッシブルだ」「基本的に、これは前例のないことだ。世界中でこれまでにこれを行った人はいないし、参考にできる成功例もない」と、計画の無謀さを吐露した。

『台灣民衆電子報』によると、高雄製油所の跡地の責任者らはTSMCの工場建設に反対して回っていたという。彼らは、「土壌浄化計画は市が行い、環境影響評価も市が行い、工事も市が請け負った」「誰が信じられるだろうか、誰が安心できるだろうか」と指摘した。つまり、計画を推進している側が、環境の影響評価をしたところで、公正な評価は行われないだろうということだ。「自救會」のメンバーらは、高雄製油所の土地は本当に有毒であると発表し、「今度はさらに有害な企業TSMCがやって来るということは、近隣の住民をどれほど当惑させていることか」と最後まで戦うことを誓ったという。

「大社環境保護同盟」の呉忠英氏は、TSMCが高雄で行政手続きを完了するのにわずか6カ月しかかからなかったことを指摘し、国民の健康と環境に対する政府の姿勢に疑問を呈した。

さらに『台灣民衆電子報』は、高雄の土地汚染の犯人は中国人民公社であり、土壌汚染法では汚染者に責任があるため、これまで土壌浄化作業は中国NPCの土壌・水利局が実施していたのだという。それが、今回のTSMCの誘致のために高雄市政府が土地の整地事業を請け負うことに疑問を呈している。そして中国人民代表大会と高雄市政府が締結した土壌・地下水整備に関する管理契約書は機密文書に指定されていることを示し、なぜ事務委託契約が秘密にされなければならないのかと政府の不透明さを指摘している。

実際に工事が開始されると、近隣には住宅街があるにもかかわらず、無茶な作業スケジュールのため24時間無休でピーク時には数百台の掘削機と運搬機が同時に使用され、土壌を掘って、燃やしたり、排土を埋め戻したり、運び出したりした。『台灣民衆電子報』によると、２０２１年11月24日には労働安全事故も発生したが、公共事業局と労働局は詳細な説明や調査、対応はしなかったという。土壌汚染対策を２０２２年2月に完了させるために作業を急かされ、ＡＥＣＯＭの浄化工場職員が砂利運搬車に押しつぶされたという悲惨な事故であった。しかしながら、陳市長は病院にも訪れなかったという。記者は、「必要な時には作業を中断して調査すべきではないか」と述べている。

近隣住民は２０２２年3月、政府の対応や土埃、大気汚染に耐えきれず、抗議の横断幕を掲げて「環境アセスメントを通過させるな」と抵抗した。

抗議の様子は台湾の『ＣＴＩＮｅｗｓ』で報道されている。これを受けて、一旦は環境アセスメントの通過を許可されず、住民は安堵したものの、２回目の環境アセスメントでは、高雄南芝工業団地は「科学工業区設立管理条例に基づく」科学工業区ではなく、「高雄市政府が産業革新条例に基づいて設立した地方レベルの」科学工業区であるという環境アセスメントの抜け穴を利用して、科学工業区政策の環境アセスメントは不要であるとして、地方政府による開発面積の審査は30ヘクタールに限定し、異常に早い速度、１カ月半で審査を通過させ、ＴＳＭＣは工事を続行した。

この環境アセスメントの通過は、台湾政府と高雄市側がＴＳＭＣに配慮したためだとも言われており、『新新聞』では、台湾政府が率先してサイエンスパーク開発の法の抜け穴を利用して、２回目の環境評価を回避したと報じている。

追及の手を逃れるＴＳＭＣ

ＴＳＭＣが原因となっている環境汚染・健康被害は他にも多数存在し、台湾のメディア、政治家、専門家や医師もそれに警鐘を鳴らしてきた。

２０１４年にＴＳＭＣの産業廃棄物処理を担当していたＸｉｎｙｉｎＧ Ｔｅｃｈｎｏｌｏｇｙは、有害な廃棄物を河川や農地に廃棄し、少なくとも１００万人の健康を害したとして訴訟を起こされた。この時、ＴＳＭＣの環境工学分野の最高経営責任者であるＸｕ ＦａｎＧｍｉｎＧ氏は、雑誌『天下』の記者の取材に対し、自分たちは詐欺にあったと答えている。だが、ＴＳＭＣほどの大企業が、目と鼻の先の場所で起きている大規模な汚染問題について何も知らないことなどあり得ないだろう。「台灣護樹團體聯盟」はこの件に対して『Ｆａｃｅｂｏｏｋ』上で、複数の環境団体が「非常に危険な有害廃棄物は、外部委託ではなく自社で処理すること」を求めたが、ＴＳＭＣは全く同意せず、その後、雑誌広告に大金を使って自社のエコを宣伝したとし、「台湾を汚染しておいてこんな態度で抗議活動に対処すべきではない」と異議を唱えている。

ＴＳＭＣは有害廃棄物をリサイクルすることで、重金属類を再利用していると公言しているが、『新新聞』によると、実際には半導体製造企業は外部業者にコストをギリギリまで削減して委託しているため、委託業者は不法投棄を繰り返しているという。また、ＴＳ

ＭＣはＣＳＲレポートの中で、廃棄物の削減目標などを設定しているが、度々達成には至っていない。

さらに、２０２１年11月18日、台中市議会の林家隆市議会議員は、「市民がＴＳＭＣの工場の拡張によって、環境汚染がさらに悪化していく懸念を持っている」と指摘した。林市議は、特に正体不明の異臭を放つ有害物質の存在について危惧し、警鐘を鳴らした。健康局のＺｅｎＧ　Ｚｉｚｈａｎ局長は、これらの臭気は人体に長期的な影響を与えうる揮発性の有害物質であると述べている。

林市議によると、ＴＳＭＣ工場のある台中工業団地と中科公園に挟まれている東海大学のキャンパスでは、悪臭が日に日に酷くなっており、深刻な大気汚染の可能性もあるという。実際に環境保護庁は、大学の寮区域でＰＶＣ、トルエン、塩化メチレンなど、10種類以上の有機化合物を検出した。検出量は基準値を超えなかったものの、大気による希釈を考慮すると、相当の量の化学物質が飛散していた可能性がある。中科サイエンスパークで汚染問題を追跡している環境保護医の張豊年医師は、「巨大な煙突から常に黒煙が上がっているのを肉眼で確認できる」と述べた。また、東海大学環境工学科の張鎮南教授も、「中科サイエンスパークの排ガスから基準値を超える重金属が検出された」と指摘し、逢甲大学水質保全学科の許少華教授の研究でもそれが実証されている。

このように、大規模に違反を重ねるＴＳＭＣであるが、実際に違反を認められた事例は8件であり、少額の罰金（計45万４２００台湾元、日本円で２００万円ほど）を支払うだけで済まされているのである。

高コストの半導体廃棄物処理

ＴＳＭＣの委託廃棄物業者Ｘｉｎｙｉｎｇ Ｔｅｃｈｎｏｌｏｇｙが起こした大規模汚染の事例は、何も特殊な事例では無い。

『新新聞』によると、台湾の廃棄物処理は低価格の業者が落札するため、利益がほとんど出ないほど値切られている。それが原因で、廃棄物のリサイクルを請け負う業者は、高額なリサイクル処理をせずに回収した廃棄物を簡単に固形化して粉砕した後、一般廃棄物に隠して処理してしまっている。つまり、ＴＳＭＣが公に公開している廃棄物のリサイクル率の数字も、実情とはかなり乖離（かいり）している可能性がある。

　そして、ＴＳＭＣは廃棄物処理のコストをギリギリまで削減することで、半導体チップの価格を保持している。言い換えるならば、ＴＳＭＣがコストをかけて適切に業者を選定して廃棄物を委託するならば、半導体チップの価格の維持が困難になり得る。よって、ＴＳＭＣが熊本工場での廃棄物処理に適切にコストを割くのか甚だ疑問である。

　ＴＳＭＣの廃棄物処理業者の不法投棄が発覚した後、ＴＳＭＣは自発的に廃棄物業者をＴＳＭＣが監視できるように働きかけたと報道されているが、匿名の半導体リサイクル業者は、「口ではそう言っているが、実際にしていることは違います！　国内約３００社のリサイクル業者で本当に廃棄物の循環利用をしているのはほんの一部で、ほとんどの業者は手に入れた廃棄物を右から左へ流しているだけだ」と述べている。

　いずれにしても、大前提として、大規模汚染の原因となった有害廃棄物を出した張本人はＴＳＭＣである。つまり、ＴＳＭＣからは大規模で重大な健康被害が出るような廃棄物が毎日出ており、適切に処理することを怠れば、すぐさま甚大で多大な被害が出るということは非常に危険である。そして、仮に全ての廃棄物に対してコストをかけて処理したとしても、その有害性を全て取り除くことは不可能である。

台湾の廃棄物問題は深刻

台湾の環境保護庁の統計では、2021年の台湾の産業廃棄物の排出量は2199５・３万トンに達し、そのうち工業部門の廃棄物が87・17％の1913・3万トンを占めるという。

『地球公民』によると、主婦連合環境保護基金会の陳万立理事長は、台湾国内の産業廃棄物のリサイクル率は82％と高いものの、その処理には土地を必要とすると指摘した。確かに2199５・３万トンもの排出量があれば、たとえリサイクル率が高くても廃棄量は膨大だ。しかも、半導体産業の廃棄物のリサイクル率は62％と、他の産業と比べてかなり低くなっている。TSMCに関しては、CSRレポートによると、廃棄物のリサイクル率は95％と優秀だが、この数字はリサイクルするという名目で回収された廃棄物の割合なので、本当に全てリサイクルされているのかどうかは疑問だ。

『新新聞』は「企業が公に発表した再利用データは年を追って増え続けているが、これは半導体廃棄物の全てが有効に再利用されているとは言い切れないのではないか」と指摘する。大葉大学の李清華学院長は、「金、銀、インジウム、ガリウム、プラチナ、ロジウム等貴金属として高い価値を持つ廃棄物の利用についてはたいへん上手くいっています。それは利益があるからで、回収業者は逆に半導体業者に金を払って廃棄物を購入して処理しています。しかし反対に価値の低いプラスチック、ガラス、さらにはスラッジ、汚泥、研磨廃液等の廃棄物の処理問題はまだ極めて大きいままです」と言い切っている。

清華大学の工学とシステム工学学科葉宗洸教授は、「核廃棄物の毒性は減衰していくが、半導体の廃液はそうではありません」と指摘し、ウエハ製造プロセスのエッチングで生じる大量の廃液に関して、これらの複雑な毒性を持つ廃液は自然に分解されることはないと述べている。エッチングといえば、有機フッ化化合物（ＰＦＡＳ）をはじめとする非常に有害な化学物質を使用する工程である。そして、これら廃液は沈殿して固化する前に必ず適切に凝集、保存、隔離する必要があり、そうすることではじめて土壌汚染を防ぐことができる、としている。

国立成功大学の准教授で環境工学・資源工学の専門家である陳偉聖氏は、論文『高科技產業的循環經濟』の中でハイテク産業の廃棄物の問題点を指摘している。陳氏によると、半導体産業によって生成されるフッ化カルシウムスラッジにはフッ素汚染の疑いがある。しかし現在、ほとんどの廃棄物に対する完全な検出システムを備えていないため、委託廃棄物業者は汚染物質の混入を防ぐために、廃棄物の引き受けを拒否することが多く、廃棄物のリサイクル率が低下する。そして、これに対する効果的な改善方法はないのだという。

また、台湾ではサイエンスパークで発生する廃棄物の総量は非常に多く、オンタイムで輸送する方法はなく、廃棄物の輸送過程での廃棄物による環境汚染の懸念もある。新竹サイエンスパークの統計によると、集積回路産業が著しく大量の廃棄物を排出している。

各高科技産業廃棄資源産生量

行業別	申報産生量(公噸)
積體電路	155,464.26
光電産業	45,716.12
電脳及周邊	1,189.82
通訊	341.34
精密機械	1,135.62
生物科技	771.17

https://mp.ncku.edu.tw/wp-content/uploads/6loh5rqq5lq66zu75a2q5acx/005/005-3.pdf

陳氏は「台湾のハイテク産業は精力的に発展している一方で、環境保護と資源リサイクルの責任も担う必要がある。しかし、現在の技術と考え方はまだ包括的ではなく、多くの再利用方法は、実現するためにより多くのコストとエネルギー消費を必要とする」「技術が日々進化する中で、今後ますます増大する廃棄物の発生源や産業ニーズに対応するために新たな考え方を導入する必要がある」と述べており、産業廃棄物の処理にはまだまだ多くの課題が残っていることを指摘している。

台湾の廃棄物処理は焼却が主流であるが、スラッジや焼却炉底スラッジなどの産業廃棄物だけでも、台湾の環境に大きな負担をかけているという。台湾の埋立地の空きは日に日に減少しており、台湾には６００万トン以上の産業廃棄物が行き場を失い、処分を待っている状態だ。台湾環境保護庁はなんと処理先を海にまで求めている。まさに海洋破壊も辞さない構えであるという。

台湾で社会問題となっている大量の廃棄物を排出している犯人が全て半導体産業だというつもりはない。だが、半導体産業は廃棄物の多い産業であり、廃棄物問題の一因になっていることは紛れもない事実であろう。そして、その廃棄物の多くは有害であり、適切に処理されなければ分解されずに環境中に蓄積されるものも多い。

これからＴＳＭＣの工場を増やし、関連企業もどんどん受け入れる予定の熊本県は大量の産業廃棄物の処理をどのように行なっていくのか、計画を公にして県民に説明する必要があるだろう。

杜撰な環境影響評価

熊本県はＴＳＭＣに関して、「台湾において問題の報告はない」と述べているが、台湾の法律や環境影響評価、健康リスク評価の運用の現状は、環境や国民の健康を守るには不十分と言わざるを得ない。同県は、台湾政府や地方政府によって提供された情報のみではなく、様々なメディアや専門家、環境団体からの情報も含め、自ら調査し、総合的に判断する必要があるのではないだろうか。

半導体産業のように、従来の産業とは比べ物にならない種類と量の重金属類や化合物を使用する産業の場合には、国や地方政府は、特に慎重に調査や規制をするべきだが、『新新聞』をはじめとする台湾のメディアや多くの環境団体が、政府機関の環境影響評価は十分に実施されておらず、個々の開発案件の環境影響評価のシステムには多くの抜け穴があると問題視している。さらに、台湾政府や地方政府がサイエンスパークによる環境汚染の事実を認めなかったり、政府が率先して法の抜け穴を利用して環境評価を回避させていたりしていたと指摘している。

つまり、日本が台湾政府機関の評価の結果を参考に「問題がない」とすることは非常に危険なのである。

第三章でも触れたが、台湾では危険や有害性のあるものは、原則、完全開示しなければならないが、有害性を知りながら開示をせず、開示免除の申請すらしないことが横行している。開示免除を認められないような有害化合物というのは、非常に毒性の強い物質、例えば国家標準ＣＮ１５０３０分類中の急性毒性第一級から三級、腐食または皮膚刺激物質第一級、生殖毒性、発がん性物質などに分類されるものである。つまり、毒性が強い物質ほど申請すらされない状態なのだ。そして、万が一この隠蔽行為が発覚しても、数万台湾元の罰金で済んでしまう。

また、半導体製造において監査・規制されるべきＣＭＲ物質は１００項目以上（ＴＳＭＣの場合は１７８項目、またはそれ以上）に上るが、台湾の健康リスク評価においては、その3割にも満たない。

さらに、環境影響評価・健康リスク評価はサイエンスパークの化学物質の総量ではなく、増加分による評価法であるため、パーク全体の総排水量が莫大であった場合、環境に放出される物質の総量は膨大になるため、環境や健康に対する影響は計り知れない。これは、台湾においても問題視されており、台湾の環境影響評価規範に詳しい時代力量党の首席である陳椒華立法議員も「総量で健康リスク評価を行えば、結果は驚くようなものになり、そのデータが一旦公開されれば開発機構は開発しようと思わなくなる」と述べている。

環境問題を専門にしている独立系ジャーナリストの朱書娟氏も、環境影響評価・健康リスク評価は工場を拡張する際の、「増加分」のみを評価対象とすることは不合理的であるとしている。「環境の耐荷重には限界があるため、エレベーターの耐荷重が限られているのと同じように、後から来た人をエレベーターに押し込めようとすると誰かが降りなければならない」と説明する。つまり、この評価の方法を採用し続けた場合、環境影響評価・健康リスク評価をパスできないような工場が、少しずつ拡張していき、その度に環境影響評価・健康リスク評価をパスしていけば危険なレベルの規模の工場をつくれてしまう問題があるということだ。実際に『新新聞』でも、各サイエンスパークがこのスキームを使って工場を段階的に拡張していると指摘している。

陳椒華立法議員は、加えて、「台湾の環境影響評価と疫学評価は、実施しているうちに入らないほど杜撰である」と述べている。なぜなら、環境影響評価の委員の中に大気汚染、水質汚染を専門とする学者は２、３名しかおらず、健康リスク評価を専門とする学者は通常１名のみであり、時には１人もいないこともあるというからだ。さらに、疫学調査は直接地元住民の血液検査、検尿、生理的検査によるデータを証拠として、開発後３～５年ごとにモニタリングを継続する必要があるが、実際はそこまで行われていない。

日本の環境に対する法整備は不十分

恐ろしいのは、日本においては台湾をバカにできないほど、環境と健康に対する法律の整備が不十分なのである。
第三章で述べたように、日本では化審法によって特定第一種指定化学物質の有害性要件としてＣＭＲ物質が規制されているが、新規輸入・製造の際に届け出されたものに対する

審査のみであり、実際に工場からどれだけのＣＭＲ物質が排出されているのかは、調査されない。ＴＳＭＣは１７８項目、またはそれ以上のＣＭＲ物質を使用すると思われるが、これらの物質が工場からどれほど排出されるかは分からないということだ。

また、第三章でも触れたが、使用される数百種類の化学物質に対して、今回の熊本のＴＳＭＣの排水に適用される水質汚濁防止法と下水道法の健康項目の調査品目数はわずか28品目であり、ＣＯＤの規制もない。下水道法の下水排除基準にＣＯＤ規制がない場合、難分解性の水溶性有機物は、いくら高濃度であっても未処理で下水道に流しても構わないようなことになるのではないかと懸念される。

そして重金属類の調査品目数もごくわずかである。

さらに、半導体製造工場からの排水には神経、肝臓、腎臓に対する有害影響が引き起こされる揮発性有機化合物（ＶＯＣ）も含まれる。ＶＯＣは、水質汚濁防止法に指定される有害物質ではあるが、難分解性で、土壌に吸着されにくいため土壌中を容易に浸透し、地下水の流れによって広範囲に汚染が広がるおそれがある。また、土壌中に原液状で溜まったり、地質の状況によっては地下深部にまで汚染が広がったりすることもある。

加えて、発がん性や子どもの成長への影響などが報告されている有機フッ素化合物（Ｐ

ＦＡＳ）も半導体の製造過程で使用され、地球規模での環境残留性および生体蓄積性が明らかになっている。長期毒性（継続的に摂取された場合に健康を損ねる効果）の疑いもある。国内では、「ＰＦＯＳとその塩およびＰＦＯＳＦ」が２０１０年4月1日に化審法の第一種特定化学物質に指定され、特定の用途を除き製造・輸入・使用等が禁止されたが、例外的にＰＦＯＳ又はその塩を使用できる用途として、半導体のエッチング剤の製造等を定めている。

重金属もＶＯＣも有機フッ化化合物も極めて分解されにくく蓄積されるため、工場が稼働し続ける限り、どんどん環境中に溜まっていく。問題なのは、法律に定められた検査基準が有害物質の総量ではなく、濃度であるため、ＴＳＭＣのように排水量がとてつもなく多い場合は、いくら濃度で規制しても環境中に蓄積されていく量が膨大となり、現行の法律の範囲で対応することは危険である。

また、現存する１０００万種を超える化学物質のうち、実際に具体的なデータが存在しているものは2万種以下であるため、有害性が未知である物質については安全性の研究が必要である。

ＴＳＭＣが段階的に工場を増やしていった場合、各工場からの排水は全て有明海に集中することも忘れてはならない。工場が増えれば増えるほど、有明海に流れ込む有害物質の総量は膨大になる。そして、一つのエリアに工場の建設が集中すれば、その地域の大気や土壌、地下水の汚染レベルは危険なものとなる。総量規制をしなければ、環境や健康を守る法律など、あって無いようなものである。

熊本県が環境と県民の健康を守る気があるならば、使用する可能性のある全てのCMR物質、有害物質、重金属について安全性と除去の研究を行い、厳格に基準を設け、頻繁(ひんぱん)に検査を行わなければならない。そもそも、排水が全て有明海に集中することを考えると、九州に集中的に工場を増やしてはならない。そうでなければ、莫大な種類と量の危険物質が熊本県や九州を汚染し、過去の公害事例を超える甚大な被害が出るであろう。

TSMCは環境アセスメントを行なうべき

半導体製造工場が環境汚染リスクの高い事業であることは、専門知識のある人であれば周知の事実である。しかしながら、JASMの建設においては、環境アセスメントをするつもりがないというのだから驚きである。

熊本県の環境影響評価条例の場合、地下水保全地域においては「排水が平均排出水量0・5万立法メートル／日以上」を満たしている工場の場合は環境アセスメント対象事業であるという。当然、地下水を1・2万トン／日汲み上げるＪＡＳＭはそれ相応の排水が見込まれ、県も平均排出水量0・5万立法メートル／日以上であることは認めている。しかしながら、排水が下水道から処理場を経由することを理由に、環境アセスメントの対象にならないというのだ。

下水道を経由して、下水処理場に一度貯められてから生物学的処理をされて河川に排水されるため環境アセスメントをしなくても安全だ、とでも言いたいのだろうか。しかし、この論理を半導体製造工場の排水に当てはめるのは危険である。なぜなら、処理場で処理可能なのは、微生物による生物学的処理で対応できる基準を満たした有機物のみであるからだ。

つまり、排水中の水質汚濁防止法、下水道法の項目に指定されていない重金属や有害な化学物質は、処理場を経由したとしてもほとんどそのまま河川に放出され、土壌や地下水、海洋を汚染する可能性が非常に高い。

また、第四章でも言及したが、ＴＳＭＣはＩＰＡ（イソプロピルアルコール）を多く使用するが、ＩＰＡを含む廃水は、その有機毒性とＣＯＤ（化学的酸素要求量）が高い。ＣＯＤの高い排水が処理場に大量に流れ込んだ場合、下水処理場の微生物の活動に悪影響が出ることが予想され、下水処理場の処理能力が著しく低下する可能性が高い。ＪＡＳＭの排水に適用される熊本県の下水道法には生物学的酸素要求量（ＢＯＤ）の基準は定められているものの、ＣＯＤの基準は設定されていない。ＣＯＤ規制がないと難分解性の水溶性有機物は、いくら高濃度であっても未処理で下水道に流すことができてしまい、河川や海の生態系に悪影響を及ぼしかねない。

２０１８年1月の『西日本新聞』では、北部浄水センターから坪井川に排出されている排水にはブクブクと大量の泡が浮いていることが指摘されている。北部浄水センターはＪＡＳＭの排水が流れ込む予定の下水処理場だ。この泡は、放水口から1キロほど川を漂い、落差を通るたびに泡立ち、熊本城前でも見られる。この泡の原因は、処理場の微生物が出す多糖類によるものと説明されているが、この泡が大量に発生しているということは、微生物の処理不良が起きている可能性がある。つまり、現状ですら処理場の処理能力を超えているると考えられるのだ。

北部浄水センターは現在約6万1000トンの処理水を坪井川に放出しているが、2035年ごろまでに処理能力を一日11万4000トンまで拡大する予定だとしている。坪井川はそもそも流量が少なく、2016年の平均流量は約6万2000トンであった。つまり、坪井川を流れる水の3分の2が処理場の排水になる可能性があるのだ。微生物が処理不良を起こす物質が含まれる工場排水を受け入れるとすると、坪井川が今以上に泡だらけになる可能性は高いだろう。

ＪＡＳＭの環境アセスメントを行わなくて良いとすることは、事業実施や計画の策定にあたり、総合的に環境保全を組み込むことや環境保全対策を講じることを阻むことになりかねない。また、事業が行われる地域環境には、近隣住民のみならず、地域外の人も含め様々な関係者がおり、地域の多様な環境に関する情報を保持していることも多いだろう。

環境保全対策のためには、様々な関係者からの意見を含めた情報収集を行うことが大切なのではないだろうか。そして、環境影響の程度や環境保全対策についての情報を、不安を感じる近隣住民や県民、国民に提供することも重要なのではないだろうか。

ＴＳＭＣにとって抗議活動と環境アセスメントは目の上の瘤

ＴＳＭＣが台湾において住民の抗議活動と環境アセスメントに頭を悩まされていることは前述した。２０１５年、ＴＳＭＣの15番目の工場向けに調整された中科大都山の拡張プロジェクトの建設は、環境アセスメントを通過できず、計画が行き詰まり、最大７０００億台湾ドルの投資が阻止されかねない事態となった。Ａｐｐｌｅ社を巻き込む大きな抗議であったが、結局抗議の力は及ばず、建設は遂行された。だが、抗議活動と環境アセスメントがＴＳＭＣにとって懸念材料となっていることは事実であろう。

そのためＴＳＭＣは環境アセスメントを回避できるように、台湾政府や地方政府と示し合わせてきた。例えば、高雄の工場の建設の際には、ＴＳＭＣの建設予定地・高雄南芝工業団地は「科学工業区設立管理条例に基づく」科学工業区ではなく、「高雄市政府が産業革新条例に基づいて設立した地方レベルの」科学工業区であるという抜け穴を利用して第二回目の国レベルの環境アセスメント自体を回避することをしている。

熊本県も環境アセス回避スキームづくりか

令和5年6月21日に行われた熊本県議会の経済環境常任委員会で、実に不審な環境アセスメントの要件緩和が取り決められた。なんと、TSMC関連の工場の建設ラッシュを前に、工業団地の設立に対する環境アセスメントの対象要件を緩和するというのである。

もともと、熊本県の工場の環境アセスメントの工業団地の造成事業の要件は、「面積50ヘクタール以上（地下水保全地域においては面積25ヘクタール以上）」となっていた。しかし、今回の改正で、地下水保全地域の要件に「ただし「取水量＋開発による涵養域」を超える地下水涵養が行われる場合を除く」との但書（ただしがき）が添えられるのだという。要するに、工場によって失われると思われる水量と同程度の水を涵養できていれば、地下水保全地域においては面積25ヘクタール以上の工場を建設する際に環境アセスメントをしなくて良いとするものであるが、よくよく調べると疑問点がいくつも湧いてくる。

まず、「どの程度の広さの土地に涵養すれば、どれくらいの水が地下水に戻る」という算出方法の問題である。熊本県の担当者は、問い合わせに対して、「土地の性質によって水の染み込みに差がある。よく染み込む土地であれば面積は少なくて済むし、染み込みの悪い土地であればより広い面積を要する」と回答している。つまり、明確な根拠を元にした数値による規定は存在しない。では、どのようにして環境アセスメントは必要ない、と判断するのか。担当者によると、県が決定した組織によって事業ごとに調査・判断され、知事の了承があれば良いのだという。こんな曖昧なルールでは、知事の裁量でどうにでもできてしまうのではないだろうか。

熊本市のホームページ「地下水使用合理化指針・地下水涵養指針について（熊本県地下水保全条例）」によると、地下水保全の重点地域（熊本地域〈菊陽町を含む〉）の推定涵養量の算出方法の一例があるが、その計算式は左記である。

涵養量＝（有効降雨量　又は年間平均降水量）×集水面積×係数

この係数が水の染み込みやすさを表すとされているが、この係数の根拠は不透明である。資料によると算出方法は今後の科学的知見により見直すこともあるとされているが、水がどの程度涵養されたか、果たしてどのように科学的に証明するのだろうか。科学的知見と称して係数を弄（いじ）れてしまうということにもなり得る。

また、涵養対策の指針も不可解だ。なんと地下水の揚水を行う事業者が、水源涵養林の整備や、涵養域とされる既存の農地の農作物を購入することで、地下水涵養の促進に寄与したと見なすというのだ。しかし、誰から見ても明らかなように、元々存在している農地の農作物を購入しても、実態としては地下水が維持されるだけで増えることはない。工場が使用した分の水を補充するという機能はない。

さらに、「公益財団法人くまもと地下水財団」への寄附も地下水涵養の促進への取り組みとみなすというが、同財団の理事長は現熊本市長の大西一史氏であり、事業内容には「水の日記念シンポジウム」「地下水を育むバスツアー」などもあり、涵養とは関係のない事業にも資金は利用されている。さらに、ＴＳＭＣを誘致した熊本市長、熊本副知事などが幹部の財団が地下水保全事業の中心だというのは、利益相反ではないか。そして、新規則では従来の「涵養事業への協力金」という言葉が消えて「寄付」だけに限定されてしまった理由も不明瞭だ。県知事が誘致したＴＳＭＣが、熊本市長と副知事が理事の財団に「寄付」をすれば、環境影響評価を行わなくてもいいという法改正は「環境影響評価逃れ」のスキームと指摘されても仕方がないだろう。地下水の涵養指針に関する新旧対照表を見ると、旧指針には地下水の採取量の数値目標があり、少なくとも1割相当を涵養する努力義務があった。しかし、新しい指針には目標涵養量を設定するとなり、数値目標がキレイさっぱり消えてしまった。数値目標が無くなれば、涵養を義務付けても設定数値がないので法律に違反しないことになる。本来は、採取量1立方メートル辺り0・3円を乗じた額を目安として、地下水財団の「涵養事業」に協力金を出すことになっていたが改正案では「地下水財団」に寄付をすれば涵養対策をしたと認めることになった（※採取量1立方メートル当たり0・3円も破格の安さである。水道水で水採取分を換算すると1立方メートル当たり270円から400円程度と1000倍以上かかる）。

熊本県は「TSMCの工場が使用する水と同等の水量の水が涵養されて地下水に戻る」と説明するが、その指針やシステムは非常に不明確なものであると言わざるを得ない。

机上の空論「涵養取組」で地下水は増えない

熊本県は、取水量以上の涵養を行なえば、環境アセスを逃れられるように法を歪めようとしているが、実は単純な涵養増では地下水は回復しない。涵養は、土壌からしみ込んだ水が地下水となるまでに二十年から四十年ほどかかると言われている。

熊本県は、２００５年から人工涵養の取り組みを行なった効果で地下水は増えていると主張し、取水量以上の涵養を増やすことで環境アセスメントを行わなくてもかまわないという方向に踏み切ろうとしているがそれは事実だろうか。

水資源の保全取組の一環としての人工涵養増の取り組みとしてありがちなのは、土地開発を行う企業が「農家から野菜を買う」、「既存の水田や畑を買う」、「涵養事業に資金を出す」という方法である。少なくとも、農家から野菜を買う、既存の水田や畑を買うのは、「現状維持」であり、それを「涵養増」と計算に入れるのは議論のすり替えではないのかという指摘もある。現状維持も重要な取り組みだが、それら野菜購入など名目上の「涵養事業」で増加した面積を「涵養増」とするのは誤解を招くというのはもっともで、現実の涵養域は全く増えていないのである。現に、熊本県の涵養事業においては、四割前後が「野菜購入」で済まされている。

熊本全体を見ると地下水観測井の水位は回復基調にあるのだろうが、それは涵養増から来るものなのか、産業の水使用量が減ったからなのかは相関関係は不明だ。少なくとも、菊陽町が水の保全地域として指定されたのも地下水量が減っていたためであり、ＪＡＳＭ工場建設開始で近隣農家の井戸水水位が著しく下がったのは事実である。県全体の話と菊陽町という局所的な地域を混同して調査すらせずに、「熊本は水が増えているので、大丈夫です」というのはおかしいだろう。水が本当に増えているのであれば、市民に対して節水を呼び掛けているのは矛盾があると言える。（図5参照）

そもそも、水保全の取り組みにおける涵養量の計算式に誤りがあるとの指摘も一部の専門家から上がっている。本来、地下水の水収支上、採取による地下水の減少への対応に加え、開発による涵養減と水保全の取り組みによる涵養増がイコールになるようにすべきだが、県は工場などに転用される開発前土地の「涵養量減少分」を計算式に組み込んでいないふしがある（林地開発等で開発による流出率の増加は洪水等の原因になるため「調整池」の設置等がルールで義務付けられているが、減るほうのルールがないのである）。

開発前の土地の涵養がマイナスになっているのにそれを無視して、企業取り組みにおいて敷地内外の涵養量増加分のみをプラスで換算しているので、県の計算式を用いると表面上は涵養がかなり増えたように見えるわけだ

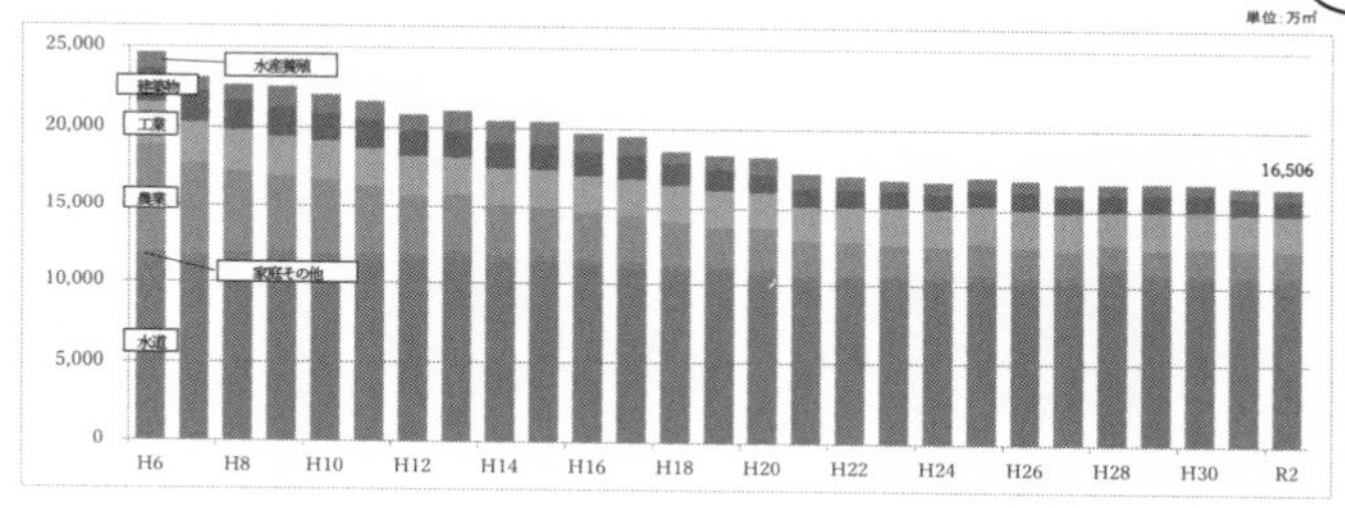

<令和２年度の採取状況>

- 令和２年度の熊本地域における地下水採取量は**約16,506万㎥**で平成３１年度から約５８万㎥減少している。
- 平成３１年度と比較すると、分野別では、「建築物」、「工業」、「農業」は減少しているが、「水産養殖」、「家庭その他」、「水道」は増加している。※「令和２年度地下水採取量用途別集計表（熊本地域）」参照
- 「家庭その他」、「水道」が増加した主な要因は、新型コロナウイルス感染予防の手洗い・うがいの徹底や、リモートワーク・外出自粛等による在宅時間の増加が考えられる。
- 長期的にみると、「家庭その他」、「水道」は横ばい状態であるため、家庭での更なる節水が必要と考えられる。

これは、もともと、この地下水涵養の枠組みが面的開発の必要がない開発済みの土地での「地下水採取」の緩和措置として出てきたためだと思われ、面的開発事業を対象として議論するのであれば、当然考慮すべき要素である。

現在の指針における涵養量推定値は、敷地内外の涵養取り組みの増加分だけが示され、工場などが建設されて減ってしまった分の涵養は計算式には組み込まれていないのが問題である。

よって、県は、企業が土地開発事業を行うときには、そもそも涵養減の値を涵養増措置の値から引かなければ（又は地下水採取がある場合はその値に加えなければ）過大評価となる。加えて言うと、涵養減と地下水の採取量を加えた値を超えるだけの涵養増の取り組みを企業に求めなければ、

地下水が増える計算にはならないのである。これに対応することが環境基本法における「事業者の責務」を果たしたことになる。

今後、ＪＡＳＭ工場「第二工場」が誘致されると、実質的な面積拡張は環境アセスメントの面積要件で工場建設計画開示の対象とすべきところを、企業優遇・住民騙しの政策で法を歪めようとしているのは許すべきではないだろう。

なぜならば、環境は簡単には取り戻すことはできないからだ。台湾は失われた環境を取り戻すのにこれから何十年、何百年掛かると言われている。同じことをこの国で繰り返していいのかどうか、私たちは自分自身に問いかけ、また、政府にも問いかけていかなければならない。

第六章

政治と環境

ＴＳＭＣ工場に、排水リサイクル設備の導入を!!

竹花顕宏

１　日本の水資源

日本では年間、生活用水として約１５０億立方メートル、工業用水として約１０６億立方メートル、農業用水として約５３５億立方メートルの水を使用しています。（２０１８年の取水量ベース・出典：「水資源の利用状況」国土交通省）。

これらの主な水源は川の水で、使用した水は再び川や海に戻し、さらにその水が大気中に蒸発し、雲をつくって雨を降らせて川へ……というサイクルです（図６参照）。

つまり、まず、基準値を設けて、河川に流し、それから海に流れていく構図ですね。

河川に、どれだけクリーンな状態で、放出できるかが、ポイントですね。

または、全く、放出しない場合もあります。（５－３　工業排水リサイクル参照）。

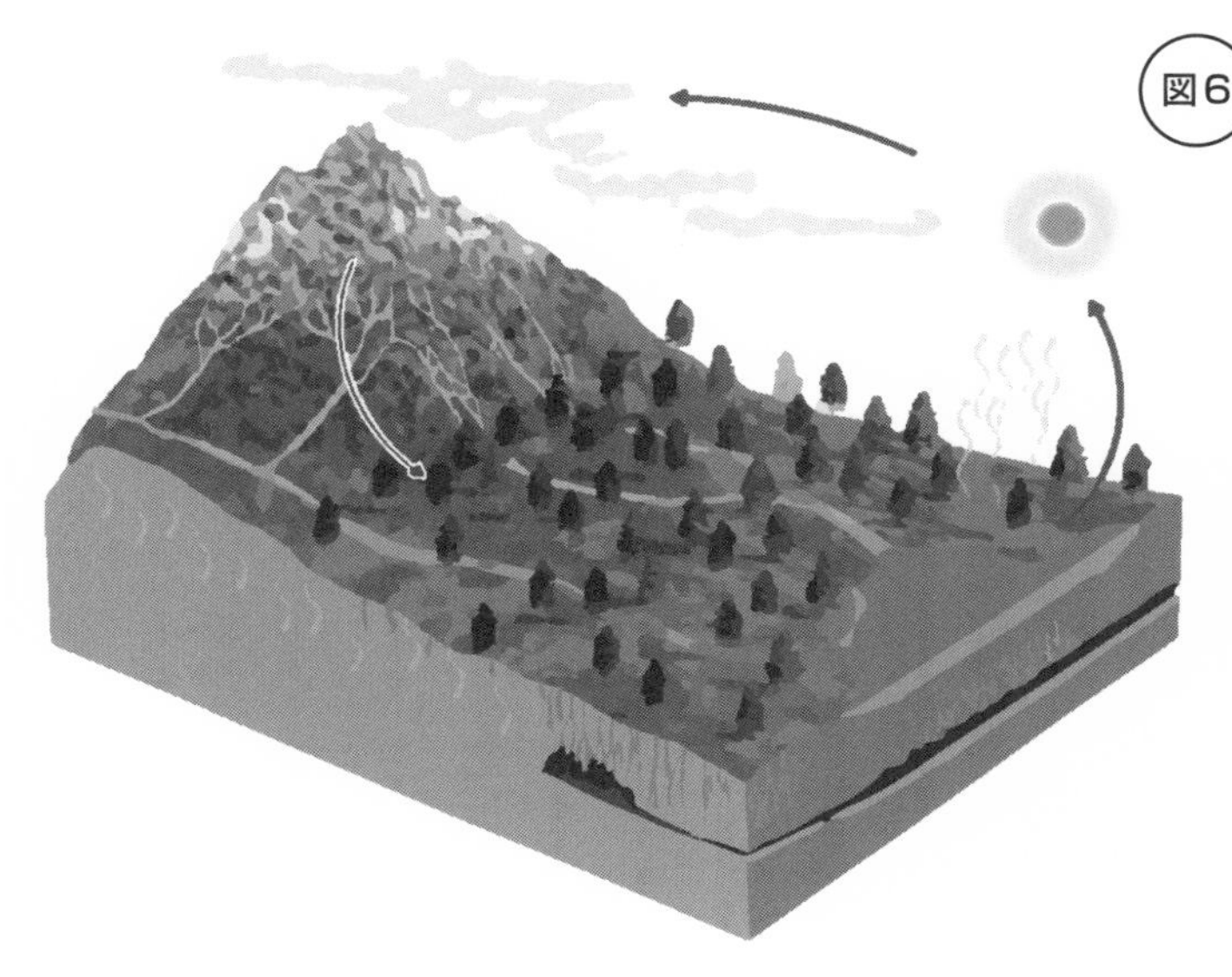

2　工業排水の規制

　また、工業用水の排出には、環境基本法、水質汚濁基本法という法律によって、30種類の有害物質の排出基準が定められています（図7参照）。（注：自治体によって基準値が異なります）。

　特に厳しい基準値を設けているのは、茨城県の霞ケ浦に隣接している自治体です。（5−3　工業排水リサイクル参照）。

3　排出物質を知ろう!!

　皆さんにまず、知っていただきたいのは、「排出する物質は何か？」ということ

図7

排出水の許容限度（mg/L）
カドミウムとして0.03
シアンとして1
1
鉛として0.1
六価クロムとして0.5
ヒ素として0.1
水銀として0.005
検出されないこと
0.003
0.1
0.1
0.2
0.02
0.04
1
ー
0.4
3
0.06
0.02
0.06
0.03
0.2
0.1
セレンとして0.1
海域以外10　海域230
海域以外8　海域15
アンモニア性窒素×0.4＋亜硝酸性窒素＋硝酸性窒素として100
ー

有物質の種類
カドミウム及びその化合物
シアン化合物
有機リン化合物
鉛及びその化合物
六価クロム化合物
ヒ素及びその化合物
水銀及びアルキル水銀その他の水銀化合物
アルキル水銀化合物
ポリ塩化ビニフェニル
トリクロロエチレン
テトラクロロエチレン
ジクロロメタン
四塩化炭素
1，2- ジクロロエタン
1，1- ジクロロエチレン
1，2- ジクロロエチレン
シス -1，2- ジクロロエチレン
1，1，1- トリクロロエタン
1，1，2- トリクロロエタン
1，3- ジクロロプロペン
チラウム
シマジン
チオベンカルブ
ベンゼン
セレン及びその化合物
ほう素及びその化合物
ふっそ及びその化合物
アンモニア、アンモニウム化合物、亜硝酸化合物及び硝酸化合物
塩化ビニルモノマー

出典）水質汚濁防止法により定められる排水基準「一般排水基準」の有害物質（自治体で異なる）

です。

排出物質は無機物と有機物に大別できます。無機物は、リン、鉛、ヒ素、水銀等のミネラルや重金属です。有機物は、生ゴミ、溶剤、食用油、汚泥等です。

無機物、有機物ともに、適切な排水処理が必要となります。

次に排水に際し、汚濁物質に適した方法を選択することです。

基本的に分離か、分解になります。分離は汚濁物質と水とを化学的、物理的に分けること、分解は汚濁物質を無害な安定した物質に変化させることです。

処理方法一覧を図8に記します。

4　無機物（重金属系）の除去のメカニズムについて

無機物を除去する場合は、凝集という化学処理による「複分解反応」を用います。

排水処理前に濁り、色相の原因となっている不純物を取り除く際に、粒子が細かいと沈降が困難です。そのため、微粒子を相互結合させ大きくさせ、沈降を加速させます。この方法を「凝集」と言い、広く採用されています。

図８

処理方式	除去方法	代表的技術
物理処理	篩（ふるい） ろ過 比重差 熱エネルギー 電気エネルギー 浸透圧	スクリーン ろ過 沈殿、浮上分離 蒸発、乾燥 電気分解 逆浸透膜
化学処理	酸化反応 還元反応 複分解反応	酸化 還元 中和、凝集
物理化学処理	界面電位 吸着 イオン交換 電気化学反応 超臨界	凝集沈殿、凝集浮上 活性炭吸着 イオン交換樹脂・膜 電気透析、電気分解 超臨界水酸化
生物処理	好気性分解 嫌気性分解 嫌気・好気性反応	活性汚泥法、脱窒、脱燐 嫌気性消化法 脱窒、生物学的燐除去

出典：環境省「産業廃水処理技術移転マニュアル」

水に溶け込んでいる成分を取り出すには、処理剤によって粒子化させます。

ある凝集剤は、排水に溶け込んでいる金属イオンを「フロック」という微細な粒子として析出（沈殿を発生）させ、そのフロックを数段階のステップを踏んで沈殿させることで、沈殿物（スラッジ）と水に分離が可能にさせます。

５　日本での排水実例

５－１　凝集方式

それでは、日本で実績のある工業用水の排水実例を見ていきましょう。一例目です。

まずは自己開発した凝集剤を使用します。凝集剤が有害物を取り込み、凝集工程を経て、水と分離します。凝集により、沈降が速くなり、効率化が促進されます。粒子が大きく重くなれば沈殿物は安定し、酸、アルカリにも安定して有効です（図9）。処理中、処理後も、有害物質の無発生、既存の処理設備で対応可能と謳っています。（ミヨシ油脂ホームページ）

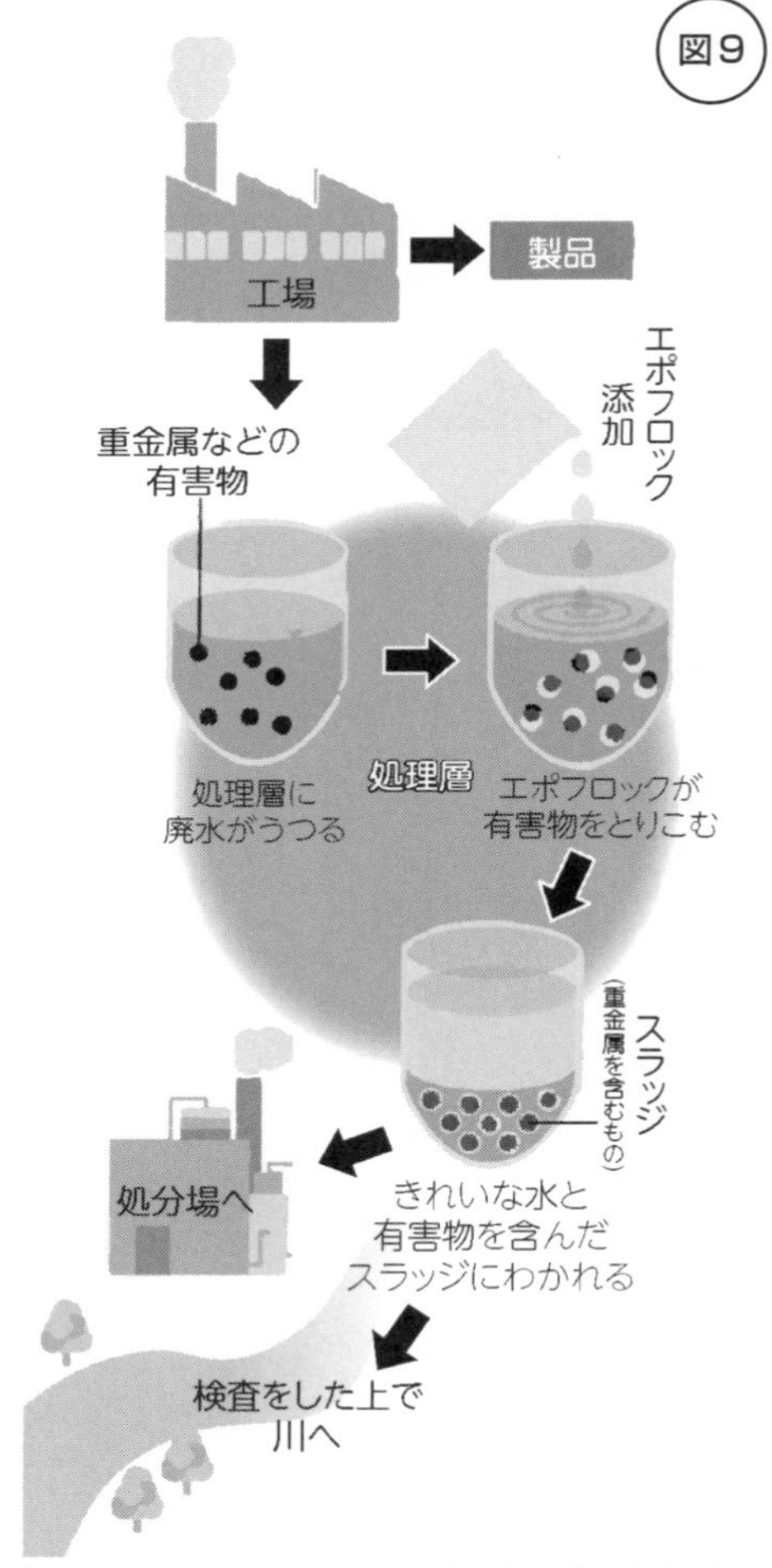

「ミヨシ未来プラットフォーム」ホーム・ページの図を改変
https://mmp.miyoshi-yushi.co.jp/epofloc-post/wastewater_treatment_basic_knowledge/

次に記載するのは、「加工委託」と呼ばれる水処理専門業者が顧客の敷地内に、自社の処理設備（純水製造設備、工業排水設備）を設置し、モニタリング、メンテナンス、実際の製造や排水処理を実施する方式です。

この方式で栗田工業、オルガノといった企業は、国内外で高いシェアを誇っています。これは投資金額が「膨大」となる半導体メーカーには、美味しい話になるのでしょう。設備は半導体メーカーが「購入する」わけではありません。従って半導体メーカーの「固定資産」にはなりませんので、貸借対照表の資産勘定に記載されませんし、「減価償却」の必要もありません。あくまで保守、メンテ費用として、経費処理できます。

顧客工場の敷地に超純水製造装置を自ら設置し、社員が常駐、装置を運転管理、超純水の供給や排水処理などのサービスを提供するとのことです。

5～15年の長期契約で基本料金、従量制料金（恐らく、上下水道代プラスアルファ）だけで済みます。水処理プラント投資額は1基で数億～数十億円ですので、大きな節約になります。

今後は水のリサイクルに注力し、半導体工場で使用した水を回収し、超純水に戻す技術、生活排水を回収して再利用する技術の開発を進めていくそうです。

またすでに、栗田工業はリサイクルのシステムとして、顧客に提供している可能性があります。

（出典：株主手帳編集部）

（注：栗田工業は、既に台湾島内の工場で、ＴＳＭＣと取引があります。）

5-3　工業排水リサイクル

最後に紹介するのは、テキサスインスツルメンツ美浦工場です。テキサスインスツルメンツは、アメリカ、テキサス州に本社を構える半導体メーカーです。１９８０年代より、自動車用、通信用の半導体で一世を風靡（ふうび）してきました。美浦工場は日本で2番目の広さを誇る霞ケ浦に隣接しています。霞ケ浦はワカサギ漁などの漁場であると同時に、水は生活用水としても利用されているため、排水基準は他の水域と比較しても厳しく設定されています。

美浦工場は操業開始が１９８０年ですが、なんと、工業排水をリサイクルして再び工場で超純水として使用する超純水クローズドシステムを操業開始当初から導入しています。

薬品などの廃液は外部の業者に処理を委託しており、下水処理される工場内の食堂やトイレなどからの生活排水を除いては工場から霞ケ浦に排水を放流していません。

専門的になりますが、そのメカニズムは次のとおりです。

工業排水はまずタンクに集められ、中和、酸化、還元処理を経て、蒸発濃縮機で水と水以外の成分を分離し、再生水にします。水分が蒸発して残った濃縮液は外部の業者に処理を委託します。再生水はＵＶ酸化槽で紫外線を照射し、オゾンを供給して有機物を分解、除去、さらに活性炭塔で有機物、残留塩素を吸着、除去します。その後、イオン成分を除去するイオン交換樹脂塔や逆浸透膜装置、真空脱気塔や限界ろ過膜装置などを経て超純水として再び工場で使用されます（図10参照）。

美浦工場からは１日５００トンの工業排水が出ますが、そのうち、業者に処理を委託する分を除いた95％を再利用しています。

日本テキサスインスツルメンツ美浦工場長の芳村隆弘氏は「われわれは『私たちは社員であることを誇りに思える会社、地域の隣人として望ましい会社であることを目指します』という目標を掲げております」と語られています。

図10

テキサス・インスツルメンツ美浦工場の排水処理の考え方

排水をリサイクルし、工業排水を霞ヶ浦水域に放流しない

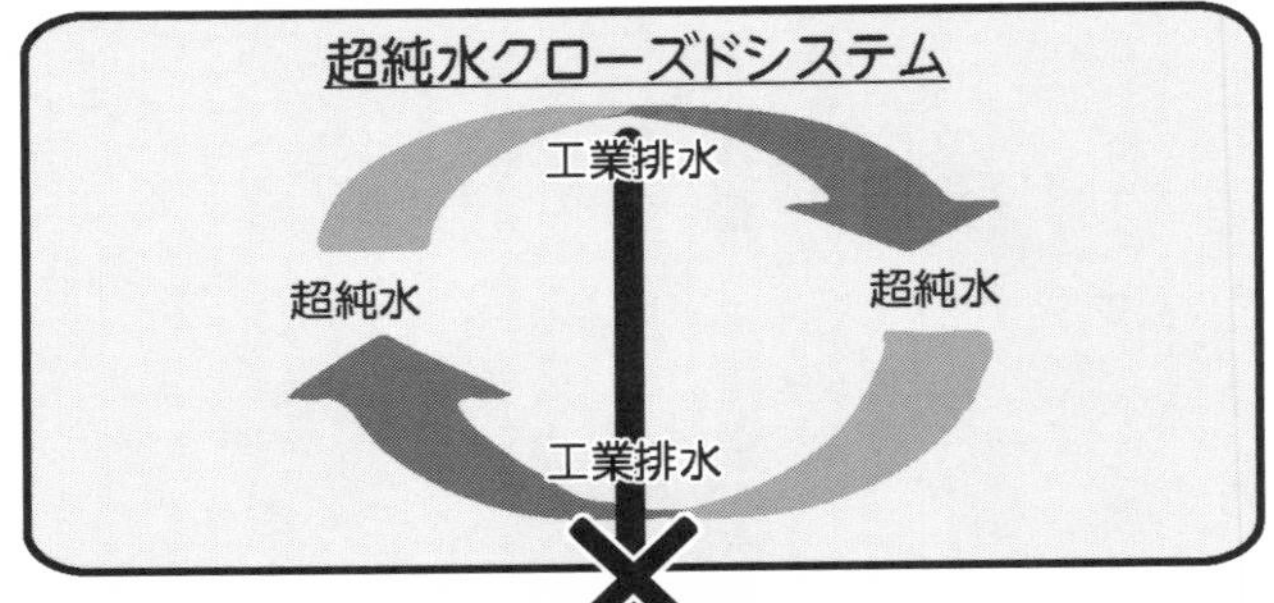

霞ヶ浦など周辺地域の環境保全に大きな役割を果たす。

1980年当時、リサイクルシステムを採用したのは美浦工場が初めてだった。

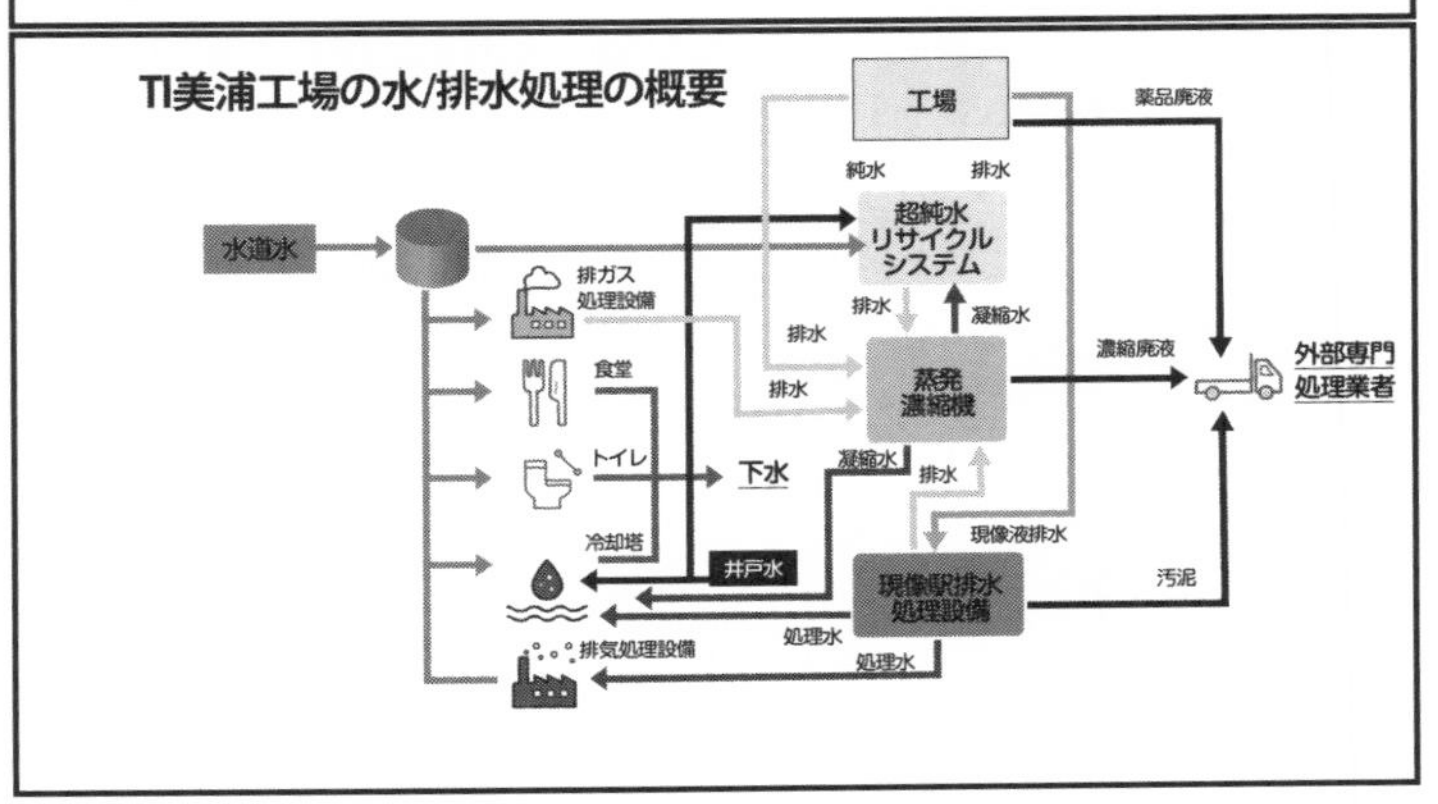

出所：日本テキサス・インスツルメンツ

蒸発濃縮設備（水と水以外の物質に分離）（出所：モノづくり技術者専門サイト『MONOist』）

6　最後に

一方、ＴＳＭＣは、どうするのでしょうか？

ＴＳＭＣ熊本工場は、70％の水をリサイクルしていくとしていますが、それでも一日１・２万トンの地下水を汲み上げ、年間約４３８万トンの地下水が使われることになるといいます。

日本テキサスインスツルメンツ美浦工場の実績を踏まえ、熊本に根ざすのであれば、ぜひ、95％の再利用設備を敷いて下さい。切にお願い申し上げます。

同業他社が、50年以上前から、実践していることが、ＴＳＭＣにできないはずはありません。

あるいは、加工委託業者と契約のうえ、純水処理、廃水処理を委託するのでしょうか？決定するのはTSMCなので、外部から本件についてどうしろとは言えませんが、県民、市民、町民の皆さんに「どのような方法で、水の再利用をしていくのか？」を、企業として説明していただくことは必須だと考えます。

日本政府の要請があったかもしれませんが、地域の隣人として「望ましい」会社になっていただきたいと、希望します。

2023年1月12日放送のKKT（熊本県民テレビ）の番組の中で熊本県の蒲島知事は、「涵養によって地下水を戻す計画であるが、将来的に地下水が足りなくなる可能性もある」と言及されています。

このような発言による不安を、あなた方が解消してください。

TSMCさん、あなた方はこれから我々の「隣人」になるのです。

参考文献一覧

国土交通省ホームページ　水利用一覧

環境省ホームページ　水質汚濁基準法一覧

ミヨシ油脂ホームページ
栗田工業ホームページ
オルガノホームページ
日本テキサスインスツルメンツホームページ
モノづくり技術者専門サイト『ＭＯＮＯｉｓｔ』

不法投棄事件実話集

平野和之

筆者は、経済評論家として活動し政治家にも2回なったが、その前に一人の釣り師、特に、釣りをこよなく愛してきた30年間であった。その関係で自分がつくった全国の釣りコミュニティネットワーク（約７０００名、二つのコミュニティで延べ９０００名）から通報があった河川に関わる環境汚染問題にも取り組んできた。今回、寄稿させていただいた経緯は、日本の環境保護に関する法令は抜け穴が多く、企業が汚染水を垂れ流し、魚が大量死するという事件が起こっても証拠を集めるのが困難で、地元は泣き寝入りというケースが多かった。そんな中で、解決に向けてこれまでどういった取り組みを私がしてきたか、教えて欲しいとの依頼があった。そこで、これまで解決に取り組んできた幾つかの課題をケーススタディとして、みなさんと共有しておきたい。環境整備をしていくことは水産資源の増加を促し、経済成長にも社会の発展にも寄与するものだと認識して、厳しく指摘をしていきたい。

① 富士川流域における、産廃業、砂利業、生コン業らによる不法投棄

『静岡新聞』ではサクラエビの漁獲高が全盛期の10分の1になった原因が、「上場企業の日軽金（日本軽金属）が、昭和時代につくった雨畑ダムからくる濁りにあるのではないか？」ということなど「サクラエビ異変」特集を組んでいた。「山梨県南西部に早川町という過疎自治体がある。過疎なのに珍しく健全な財政状況の自治体で、その背景には、砂利や採石、発電所など、川をベースにした開発が多数行われてきたことがある」「さらに、早川町は甲府と富士をつなぐ縦貫道も通っており、今後はリニアモーターカーの開通工事」が行われる予定で、「そもそも早川町のように、過疎化した自治体で、財政が健全で

ある条件は、発電関連施設を有しているかどうかという悲しい現実がある」とのことだった。本題に戻すが、雨畑ダムは、戦後の国策として鉄鋼業が盛んだったころ、アルミニウム総合メーカー・日軽金の工場が発電のために建設した。どのような経緯かは定かではないが、特別に50キロにも及ぶパイプラインを通し、発電に利用した水は駿河湾に直接放出されてきた。そもそも雨畑ダムの水は、富士川に流れ込むが、日本三大急流の一つだけに、そこに育（はぐく）まれたアユなどは、日本でも指折りの大きなサイズになると有名だ。しかし、そんな富士川にも異変が起こっているという。

【産経デジタルＩＲＯＮＮＡ　一部引用　執筆者・平野和之】

「平野を使え」という意見があったようで、静岡新聞社から依頼をうけ、筆者が現場調査を合同で行った。駿河湾では、富士川が白色、灰色、発電所から流れ出しているパイプラインが海洋に出ているところは、海が茶色、出ていない側は青。この大量の土砂は自然界には甚大な影響があることは想像できたが、こんな色はないと思えるくらいのコンクリート色だった（後日、新聞報道で、ニッケイ工業という、上場企業日軽金が10％出資し、「法令に基づく関係会社ではないが、重要な企業と認識している」（日軽金・２０２３年９月

23日『静岡新聞』）と発言している企業から生コンを川に流していた事実が報道された）。次に川を上流に向かって富士川支流早川の、発電用の雨畑ダムの現場に行くとこれまた、土砂の山であった。これはのちに、「クローズアップ現代＋（プラス）」（ＮＨＫ）でも特集を組まれるほどの話題になった。雨畑ダムの９割以上が大量の土砂で埋まり、周りの集落が水没する危険がある。そのため小泉進次郎氏が環境大臣のときには現場視察に行くほどの問題であった。実際には、筆者も当時、産経デジタル（ＩＲＯＮＮＡ、後に廃刊）論説員で、紙面にこの問題を書いたが、土砂は山そのものにあって、東洋一と言われた国土交通省所管の砂防堰堤を要塞のようにつくっても山が荒廃している状況では防ぎようもない土石流のような状況であり、砂防堰堤の効果についても、否定派の証明となりうる状況である。

結局、砂を流さないことは――山を守るために間伐や植林を継続していかない限り、堆積（たいせき）する砂を防いでも、いずれはまた大量の土砂を取り除かなければならないのである。

そもそも、この日軽金と発電ダムの関係は、山梨県早川町の昭和の日本版徴用工問題にさかのぼる。高度経済成長下の精錬のために特別に許可された珍しい発電ダムで、当時から金丸利権とも言われていた。『静岡新聞』の合同調査の現場では、一発で筆者が問題の証拠を見つけた。そもそも、日軽金の工場に日軽金の精錬工場はなく、関連、取引先等の貸工場、貸しオフィス状態となっており、精錬はグローバル競争、メイドインアジアとなっていた。では、ここでの発電は一体何に使われているのか？　もし、余った電気を電力会社に売っていたら売電で目的外使用にあたる。私はこれをつきとめ、その後は、元衆議院原発事故調査委員会の弁護士がある衆議院議員につなぎ、国土交通委員会で問題となった。

いつのまにか早川にアユは生存せず、富士川本流も魚が激減していた。先述の川に生コンを流すとどうなるかは、強アルカリで一瞬で環境テロとなる。雨が降ると一カ月も川が濁っているのは昔からだが、それにも増して、早川の濁りは恒常的かつ、人為的、色から見ても水質汚濁防止法違反になっていそうな色であった。この早川には採石場が河川敷に至る所にある。この採石事業で出てくる土砂もかつては川に垂れ流しであったが、今は全国でろ過処理してから流している。とはいえ、性善説では環境は守り切れるものではなく、時にトンデモ企業が現れる。誰も見ていない世界では、ビッグモーターのようなことはどこの世界でも起こりうる。例で言えば、シロアリ駆除や屋根診断士には似たようなことがあった。そして、汚水に関してはコストを考えたら、川に流すのが一番安くつくので企業利益を向上させる。犯罪心理学で見ても、監視カメラが堂々と設置されているエスカレーターで盗撮する人はなかなかいないが、山奥で女性一人だと犯罪を誘発するのは誰もがわかる話である。砂利採取法や採石法も改正すべきだ。河川敷を監視するルールも必要ではないだろうか。

【産経デジタルIRONNA一部引用、執筆者・平野和之】

今の日本の法律では水質汚濁防止法に違反しても罰金はたったの50万円以下（廃棄物処理法違反は1000万円以下）。しかも、親告罪であり、現行犯的なもので証明する方法がなかなかない。ちなみに、過去の不法投棄の水質汚濁防止法違反は、たいてい流すのは、雨後の濁った夜中である。そもそも、濁っているから、濁った水を流しても違いが証明できないのは、ビッグモーター事件も同様である。昔からの業界の常識では反社会勢力も多い世界、濁流下では魚が死んでもわからない。

これを解決する方法は、理想論ではあるが、行政が監視カメラを設置し、排水溝に水質検査装置を設置することとなるが、それでも投棄しようとすると、ひと気のないところにその水を運んで処分するとなる。過去の経験談だが、筆者が河川の橋下で休憩していたら頭上から生コン車の洗浄水が降ってきて、頭から全身汚染水をかぶって通報した事件もあった。河川はほとんど監視されているものがなく（せいぜい水位カメラ）、廃棄し放題なのである。つまり、トラックが入れる位置に監視カメラ、廃棄可能場所に監視カメラを設置し、水質汚濁防止法違反の罪を罰金最大10億円など重くすれば、これらの犯罪を大きく減少させられるだろう。

放射性物質では暫定基準値以下で不検出でも「風評が」といろいろ言われているのに、水質汚濁防止法では検出されてはいけない物質はアルキル水銀化合物くらいである点も、もっと厳格にすべき時代だろうと思う。

誰もがイメージがわく水質汚濁防止法は、例えばガソリンスタンドなどが洗浄水をその辺に流す光景は誰もが見たことはあるだろう。これが、銅山などの鉱山、採石場などだったらどうなるだろうか。リニアモーターカーの開発の残土にコンクリートが入っていたり、残土が盛り土となっていたりして条例違反となる事例（２０２２年9月9日に岐阜県が公表）もある。とにかく、すべての汚水は環境破壊になる。それくらいの意識で対策を練っていくことが危機管理の基本である。世の中、陰謀論だという否定意見も多く出るが、陰謀論を論破できる政策が危機管理だという認識になることが重要で、陰謀論で片づける政策推進側は無責任極まりないという意識も大切だと思う。実際には、富士川環境テロが社会問題となって規制も地域で厳格化されてからは、『静岡新聞』によるとアユもサクラエビも増えてきている。まだ完璧ではないものの、資源が枯渇した際はとにかく環境破壊、環境汚染を疑うべきである。

②　諏訪湖上川半導体プリント基板メーカー、2000キロリットル硫酸銅流出事件

これは2021年6月に起こった。当時の動画は、釣りチューバー「釣れん！寒い！しねる！こうチャンネル」サイトから、音声動画を含め確認することができる。当初の新聞報道では『4000キロリットルの硫酸銅が流出』、その後2000キロリットル以上の流出報道に修正された。実際の量もそれ以外のものもあったのかどうも、わからない。この釣りチューバが「地元河川で毒が流れた」とコミュニティに投稿してからは各所大荒れとなり、筆者も現地に向かった。田んぼも茶色、排水管も茶色。見ていると普通に感じるのは、そもそも昔から銅が流れていたのではないかという疑念だった。早い段階で漁協の組合長と面談することができ、筆者の指示のもと漁協が調査を行った。まず、排水口の水を採取。排水溝の溶解部分を写真撮影、水質検査は地元のコーエキ社に依頼した。検査はPH（ペーハー）から重金属検査など、多項目にわたった。

最初に驚いたのはヒ素が検出されたこと。これは、農薬からも検出されるものではあるというのが専門家の見解である（農薬の規制論も今後必要不可欠だろう）。海外では禁止されているネオニコチノイドが魚介類を激減させた主因であるとの論文も各所で出されているし、最近では、日本釣振興会では顧問の麻生元総理も問題だと指摘しているのに、農協票に依存する政治家はなかなか声を挙げたがらない。

話はそれたが、この調査の際にはほかにもマンガン、マグネシウム、ゴールドなどが検出された。基準値以下かどうかが問題なのではない。流出する構造、そして仕組みが問題なのである。良くも悪くも、福島原発の除染水、汚染水は放出できずに困っているが、川の水は流し放題、しかも性善説で、チェックしていないのもざらなのである。そして、住民説明会が開かれた現場で、驚くべき質疑が飛び交う。諏訪東部漁協組合長が水質検査の質問をしたら、会社側はｐＨは中性、問題は出ていないと回答。一方で、諏訪東部漁協が同じ検査機関で出してきた報告書では硫酸銅が検出。さらに、ＩＳＯを取得している会社のマニュアルを提出させてチェックすると、学校の緊急連絡簿かというレベルで、どうすればこれでＩＳＯを取得できるのかと思えるくらい疑わしい内容であった（図11参照）。さらに営業を続ける際の汚水流出防止マニュアルが不備だらけで、筆者が茅野市に対して

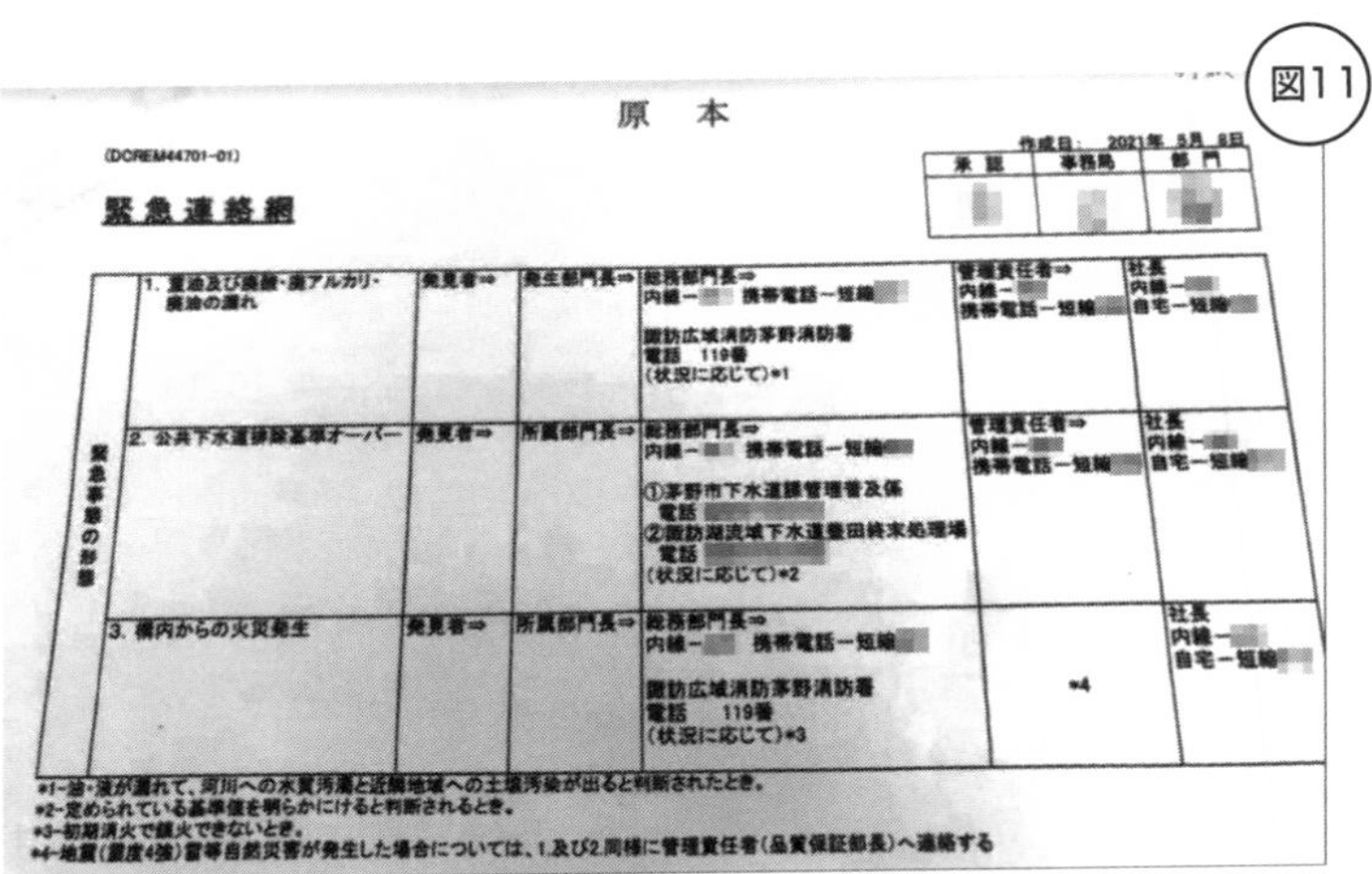

原　本

(DCREM44701-01)

作成日：　2021年 5月 8日

承認	事務局	部門

緊急連絡網

緊急事態の影響						
	1. 重油及び廃酸・廃アルカリ・廃油の漏れ	発見者⇒	発生部門長⇒	総務部門長⇒ 内線－　携帯電話－短縮 諏訪広域消防茅野消防署 電話　119番 (状況に応じて)*1	管理責任者⇒ 内線－ 携帯電話－短縮	社長 内線－ 自宅－短縮
	2. 公共下水道排除基準オーバー	発見者⇒	所属部門長⇒	総務部門長⇒ 内線－　携帯電話－短縮 ①茅野市下水道課管理普及係 電話 ②諏訪湖流域下水道豊田終末処理場 電話 (状況に応じて)*2	管理責任者⇒ 内線－ 携帯電話－短縮	社長 内線－ 自宅－短縮
	3. 構内からの火災発生	発見者⇒	所属部門長⇒	総務部門長⇒ 内線－　携帯電話－短縮 諏訪広域消防茅野消防署 電話　119番 (状況に応じて)*3	*4	社長 内線－ 自宅－短縮

*1-油・液が漏れて、河川への水質汚濁と近隣地域への土壌汚染が出ると判断されたとき。
*2-定められている基準値を明らかにけると判断されるとき。
*3-初期消火で鎮火できないとき。
*4-地震(震度4強)等自然災害が発生した場合については、1.及び2.同様に管理責任者(品質保証部長)へ連絡する

図11

119番には最初に連絡するべきだと思うが、この連絡網ではそのようになっていない。

営業停止にするべきであると話をするに至った。

汚染水の管理があまりに杜撰で漏れ放題という状況は外部からの監視なくして改善することはない（その後行政の指導・監督の下、こちらの会社も厳格に管理されていった）。

この汚染水垂れ流し問題は、この頃、地域の衆議院議員は元厚生労働大臣・後藤茂之議員であったが、当初、事務所に漁業協同組合から相談に行くもスルーされてしまった。茅野市長はこの会社から近距離に住んでいる。それなのに問題に向き合うという姿勢は感じられなかった。話題の市長にはいろいろ考えさせられることもある対応だった。

さらにこの会社を調べたら、２０２０年の11月にも汚染水流出事故を起こしており、このことを

県は知らなかったなど、とにかく、田舎のなあなあ行政そのものであった。そして、もう一つの問題が、河川を、水を守るべき、漁協にもいろいろと裏事情があることだ。ほかの漁協組合長に、諏訪東部漁協組合長が訴えるように伝えても、「風評被害が」とか、「問題が知れ渡ると影響は甚大だ」とか言われ、泣き寝入り状態だったと聞いた。

地元の住民らに話を聞くと、地域は半導体工場だらけで、湖の底には重金属が堆積していると知っている人もいる。「この現状を知っている人は魚を食べません」なんてことを聞く始末だ。実際、諏訪湖も観光地だというのに湖の色が茶色に汚濁している。筆者もラジオで、「ここは、香港か、シンガポールの海か？」と言ってしまったほど、汚く見えるのが残念である。それでも漁協が存在するだけマシなほうで、漁協がない川や湖は不法投棄し放題なので事態は深刻である。

だって、誰も監視しないのだから企業はやりたい放題だ。さらに、行政側も酷く、自分たちの対応の悪さを指摘されたくないのか、「毎年、鯉やフナが諏訪湖で死んでしまうのは『産卵疲れ』だ」と説明するのである。鯉というのは、二年目から恋をするのである。

つまり鯉は生まれてから、ほぼ毎年産卵するのである。平均寿命は35～１００年、ネアンデルタール人から人間に進化するほどの時代、太古から存在する魚がなぜ諏訪湖でだけ毎年死に、いなくなりかけているのか、という疑問に対して真摯に回答していない。

酸欠死しているという説明もあるが、鯉というのはもっとも酸欠に強い魚なのに、そんなことはあるだろうか。ビニールに酸素を入れて空輸でき、水で濡らした新聞に包んでもしばらく生きていることができるくらい強い魚が、諏訪湖でだけ酸欠死なんて説明が通るだろうか。これはどう考えても酸欠死ではなく、毒物疑惑が濃厚であると指摘した。そこで、土壌を調べるべきであると行政側に伝えると、「水質汚濁防止法は水質を調べる法律だから、その必要はない」と言う。

そういう建つけなので、今の水質汚濁防止法のままでは実質現行犯でしか捕まえられないのが現状だ。しかも過去の被害がデータベース化されていないので調べる術もなく、ほとんどの被害者は泣き寝入りである。湖については土壌検査を義務化しないと適正な水質、環境対策が取れないのである。なお、諏訪湖では、諏訪湖に流れる上川では、半導体プリント基板メーカーによる毒排水垂れ流し事件以降、我々がSNS経由で騒ぎ、県や環境省への働きかけも効果的だったせいか、なんと、翌年から上川、諏訪湖、近隣河川がきれいになった。地元の人たちが「汚いのが普通だと思っていた」と驚くほどになった。

このように、毒垂れ流し事件は恒常的に日本全国で起きていると考えることが自然である。

例えば、伊豆の河川でも過去大きく二回、大手製薬会社のシアンが流出した。ガソリンスタンドの汚染水理論同様で、染み出るリスクや流出可能性はここに何回も釣りに行ってみた限り、それが起きない保証はないと思う（伊豆については、別の事案で２０２１年宗教法人に不法投棄された廃棄物がダンプ３００台分を放置され、汚水が流出した事件もある。２０２３年裾野の河川でも３００匹ほどの魚が死んでいる事件も発生した）。

山梨県の神奈川県の水がめの河川では、河川敷には、不法投棄の冷蔵庫などの家電やガスボンベから銅褐色の汚水、白泡だらけの汚水、排水溝からものすごい量の汚水が突然排水されて私らがかぶってしまいそうになったこともあった。以前、神奈川の某河川に釣りに赴いたとき、大雨の後に筆者はヘドロの中心に埋まり、川には、オレンジ、大根、あげく、犬の死体が流れ、川中に墓石まであったこともあった。

東京の川でも幾度となく、大雨後に濁りが取れないなと思って漁協で調査すると、採石場が汚水を素知らぬ顔で流しているときもあった。

『家政婦は見た』ならぬ、『平野は見た』だけで、これだけあるのである。

ちなみに、事件の流出企業は地元のヒアリングではずーとやっていたという証言もあった。「日本の環境規制は厳しい」と思い込んでいる日本人は多いが、実態は抜け穴だらけであるということを深く認識していただければ幸いである。そして、リーマンショック、東日本大震災、チャイナショック、コロナ、米中対立、ロシアウクライナ問題、スクリューフレーション（インフレでもデフレでもスタグフレーションでもない新たな物価高）、気候変動、これらは経済学的には、造語でポリクライシス（複合的な危機）と言われている。このような経営環境が悪化すればするほど不法投棄は加速する法則がありそうなので、要注意である。

そこで、筆者は政治家でもあるので、河川環境保護に関して、その対策を改めてまとめて提案したい。

① 水質汚濁防止法違反の罰則を強化する

② 排出検査費用の負担による行政による監視制度の確立

③ 不法投棄防止策としての監視カメラの設置義務化

④ 漁協経営が地域の安全を守れるような経営基盤強化支援

⑤ 水質検査ルールを「水質及び土壌等」とする

⑥ 排出ポイントの地域住民の「見える化」をできるようにする

⑦ 環境保証金、保険制度を設置する

⑧ 運搬業者等のドラレコを四方に義務化する

⑨ 水質汚濁防止法違反の被害者の立証ルールを簡素化する

なお、下水処理施設についても記載することがあるとすると、近年、海での貧栄養化のために磯焼け（海藻が繁茂し藻場を形成している沿岸海域で、海藻が著しく減少・消失し、海藻が繁茂しなくなる現象）し、海洋資源が減少している。その一因として残留塩素や融雪剤のエンカル、温泉、介護施設等の残留塩素等も問題だと思う。岐阜県の和良川では残留塩素を減らしたら魚が増えたという報告もある。見習って広島県太田川の上流の、吉和漁協（組合長は市議も兼務）も同様の取り組みをして、効果を上げている。さらに、温泉や高齢者施設からの残留塩素も改善をしようとしている。「下水処理施設が、環境破壊、資源枯渇の原因の一つではないか」と疑うこともある。また、行政は基本、工業廃水を下水処理施設に流すので環境アセスは必要ないと主張しているが、それが事実であったとしてもその点は変えるべきである（実際、東京には存在するようで東京が環境基準も一番厳しいとは思う）。外部流出する可能性のある前提での危機管理マニュアルをベースに法改正を行い、工業廃水が生成される施設、そして排出される場所及び、染み出るリスクのある場所をモニタリングできるようにしなければならない。

下水だけではなく、上水でも汚染水対策が急務な分野がある。最近では井戸水に汚染水が検出される例も枚挙にいとまがない。地下水の管理や税の法整備をきっちり見直し、制定することが、国益上もっとも重要なのではないだろうか？　地下水汚染についても同時に対策していくことが急務な時代である。あと、地下水の汲み上げこそ、山林を守れ、日本の水を守れの合言葉からすると厳格な規制と地下水課税をするべきである。地下水は無限ではない。

最後に、①も②も地域の方から言われた言葉が印象に残る。例えば、「富士川は昔から濁っている川だと思っていた」とか「おかしいと思っても声を上げづらい」などだ。長野の釣り師らからも「平野さんみたいに外から声をあげてもらってありがたい。地域だと言いにくいから」とコメントを頂く。まさに、何を指摘しても向こう三軒両隣なので波風が立つ。村八分になりたくない心理が、犯罪が公然と起きていても我慢するしかないという風土をつくっていたのだ。

だとしたらまだまだ、水質汚濁は日常茶飯事にあると考えるべきである。過去には漁協など地域の反対勢力に、利権やお代官商法で言いくるめている事案も存在した。どちらかは記載しないが、地域の権力者が愛人に行政施設を任せるなどのリークもあった。昭和の贈収賄が現在も続いているのか、と思えることもあった。川を守る側の行政サイドも信用できないケースもある。本件2件ともＳＮＳで情報が拡散され、ＳＮＳ上でオープンな議論の中で調査手法を確立し、証明できた。

これから世の中を良くしていく手法としてはＳＮＳの時代になったのかもしれない。実は、筆者が深田萌絵氏の存在を知ったのもＳＮＳである。中国通信機器メーカー騒動の際には深田氏のブログを見て、当時筆者が横浜市議だった時代に面談を申し入れた。当時、ある衆議院議員が議会で官房長官に質疑し、政府調達から中国通信機器メーカー製が排除されたこともＳＮＳの力である。ＳＮＳの有効活用から、本件を世論喚起できることに感謝申し上げる。

環境汚染問題の解決について筆者の経験からすると、サスペンス劇場のように犯人は隠蔽工作に走るので、謎が謎を呼ぶ。こちらは探偵のように証拠を積み上げていくことが重要である。ザル法である水質汚濁防止法が改正され、みなし公務員や行政関係者の法規制が厳格化され、環境汚染を取り締まり、海や川でいつまでも生物多様性が機能する国土を守っていけることを願っている。

自然という最強のコンテンツ

深田萌絵

ＴＳＭＣという寄生虫は、台湾の電力と水をほぼ無料で吸い上げ、公害と健康被害をまき散らし、資源不足の吸い殻となりつつある台湾から新たな資源を求めて日本にやってきた。平野氏の提案のように地下水汲み上げに対して、大企業に課税するのが自然を守る効果的な方法だろう。

これからの時代は、フォーエバーケミカルやマイクロプラスチックによる水質汚染で漁獲量が減少し、井戸水などが飲めなくなるだろう。世界的な環境汚染問題、水資源不足問題を抱える時代に突入する今となっては、貴重なコンテンツはＡＩが自動生成する画像や小説でもメタバースコンテンツでもなく現実の豊かな自然に取って代わられていく。

自然は、人類に与えられた最強のコンテンツだ。かつては、雄大なる自然、美しい景色を眺めるのに一円も課金はされなかった。どんなに映像技術が発展し、人類が美しい映像をつくったとしても、富士山に押し掛ける外国人は年々増加する一方だ。偏った政策のために自然を失った国々の国民、そして、緑に恵まれない乾燥した環境で育った人々にとって、日本という国の美しさは何に取っても変えられない価値がある。

電車から見える景色ですらそうだ。中国の広東省から北京まで半日ほどかけて鉄道で旅をしたことがあるが、あまりの殺伐とした景色に唖然とした。脈々と続く黄土色のハゲ山に泥水のような川が流れ、砂風に晒されて崩れかかった農家の壁、厚く覆われた化学スモッグによって全ての建物が汚れている。車窓からの景色がこんなにも旅人の目を楽しませないなんてことがあるだろうかと目を疑った。一方で日本の車窓から見える景色はどうか。新幹線に乗れば、片側には緑豊かな山々を楽しみ、そして反対側には美しい海が覗き、瀬戸内海に浮かぶ緑の島々を楽しむことができる。水道の蛇口を捻れば飲める水が出てくる。湧いて出てくる温泉に浸かれば、旅の疲れもあっという間に癒えていく。

コロナが始まり、旅行産業もメタバースという仮想空間に取って代われていくというような論調が出ていたが、ビデオカメラで撮っただけの景色に課金するのはかなりハードルが高い。ただし、人類は大自然を見に行くために高額な飛行機代を払い、入場料を払う。

アメリカの国立公園は環境を保護するために高い入場料を取るうえに予約制として入場人数まで制限しているくらいだ。

すべてがネットワークで繋がりバーチャルという偽物の体験が主流になった今、本当に価値があるのは『リアル』なのだ。コンピュータは、どんなに進歩しても自然の複雑さを計算しきれない。刻々と移り行く太陽の光、雲の流れ、優しくそよぐ風が肌を触る感覚、大地から湧き出る澄んだ水に触れる感動。日本に与えられた大自然というコンテンツの価値を私たちは軽んじすぎていないか。有名アーティストのミュージックビデオが無料でＹｏｕＴｕｂｅで楽しめるようになり始めたころには、彼らはＣＤが売れなくなると心配したのだが、代わりにライブチケットはより一層売れるようになったのである。ＹｏｕＴｕｂｅで彼らの音楽に触れれば触れるほど、『リアル』でそれを感じたいと願うのが人間の心理だ。バーチャルが主流になった今こそ、価値があるのはリアルだ。それは、ＹｏｕＴｕｂｅが始まった後のライブ市場の拡大に実証されている。

私たちは、日本人に与えられた自然の恵みを大企業が乱獲しないように課税することを提案する。国民が必死に守ってきた自然という国富に対してフリーアクセスさせるのではなく、水を乱獲する大企業に対しては、取水量に応じて「地下水税」、排水量に応じて「下水道利用料」を徴収して解決するべきだ。大企業は既に十分な富を得ている一方、その土地に住む一般の人たちは何もなく自然の恵みに頼って生活している人たちだ。大企業が住民の水を奪うのであれば、それに課金するのは当然のことだろう。そして、政府は、税金で建設される工場の情報公開を行なわなければならない。私たちは納税者として間接的にＪＡＳＭの株主でもあるわけなので、その権利があるはずなのだ。ＪＡＳＭが情報公開に応じないというならば、彼らは日本人からむしり取った税金を返すべきだろう。

昔から日本人は自分たちの価値を常に低く見積もる癖がついている。それは教育で「価値」や「権利」とは何かということを教えるのを怠ってきたためだ。強調しておくが、熊本の大自然こそがコンピュータが生み出すコンテンツ以上の希少価値のあるコンテンツであり、それを守るように企業と政府に求めるのは私たち国民とそこに住む住民の権利である。

環境に優しいチップの提案

深田萌絵

ＩＴに必須とされる半導体製造には環境汚染リスクが伴うだけでなく、製造には莫大な水と電力を必要とするということは本書を通じてよくわかっていただけたと思う。特に5ナノ、2ナノなどの最先端半導体製造には従来の半導体製造のおおよそ十倍の洗浄水、十倍の電力を必要とする。そのため、持続的な成長（ＳＤＧｓ）という思想からはかけ離れているのが実態だ。半導体製造のみに経済依存し、莫大な資源を投入した台湾のように、一般国民に全てのしわ寄せがきて、利益は一社に集中するという経済構造でいいのかどうかという点を再考すべきである。

国際競争力を保つために半導体が必須だというのは当然だが、肝心のアプリケーションの話をしないのはなぜなのか。国際経済市場で日本のスマホやタブレットなどの小さなデバイスは敗北しており、競争力を保っているのは微細化の必要のない自動車やロボティクスの分野だ。車載分野はチップを小さくする必要はなく、28ナノや40ナノが主力で先端半導体と比較すると環境への負担は小さいのに、電力が逼迫し、工場に対しては節電協力を呼び掛ける日本で、なぜ莫大な電力を消費する最先端半導体の製造を手掛けるのか説明が不十分である。そもそも日本のエレクトロニクス企業が衰退したのは、どういった最終製品をつくるのかというゴールなしに最先端技術の研究開発に力を入れて、投資回収ができなかったという一面もある。ＴＳＭＣやサムスン電子が最先端半導体に投資してこれたのは、スマホという小さなデバイスをつくるというゴールがあったからである。ＴＳＭＣはＡｐｐｌｅにぶら下がることで最先端技術開発投資の回収を行ったし、サムスン電子にはギャラクシーなどがあったわけだ。

経産省は40ナノ台で終わった日本の半導体製造を、突然9世代分も技術がかけ離れている2ナノという最先端半導体にも投資を始めたわけだが、おそらく途中で頓挫（とんざ）してＴＳＭＣに依存するのは目に見えている。数年後には「日本勢だけではダメだったからやっぱりＴＳＭＣの力を借りました」というふうな体裁を取って国民の理解を求めれば、さらにＴＳＭＣに血税を注ぎ続けられるという見え透いた作戦を取っているのだろう。すでにＴＳＭＣですら、３ナノ半導体製造において熱問題を解決できずに前世代チップと比べて数％しかパフォーマンスが上がっていないうえに電力消費量も同じだと酷評されている。いずれにせよ、最終製品を市場に出すメーカーとキラーアプリケーションが曖昧（あいまい）なままに、要素技術のみに莫大な税金による投資と、限りある水と電力という資源を無尽蔵に注ぎ込むのは正しいことなのだろうか。

むしろ、半導体の分野でもリサイクルやリユースに向けた技術を開発し、環境負荷や資源の無駄を制限するべきだろう。莫大な水と電力を浪費して大量の半導体チップを製造しては廃棄し、また水と電力を注いでは捨てを繰り返せば、いつしか台湾のように水源は枯れ果て、大地は汚染で作物を生み出せなくなる。

そういったシナリオを回避するには、「再利用可能なチップ」を推進するべきだ。FPGA（製造後に購入者や設計者が構成を設定できる集積回路）のように外部からチップの機能を書き換えができて、不要になったデバイスからチップだけを取り外して新しいデバイスに付け替えて何度でも繰り返し使えるチップを設計するべきだろう。そうして、無駄に水や電力を浪費することなくチップを生産し、不足したときには古くなったデバイスから取り外して付け替えて利用できるフォルトトレラント（耐故障性）な設計にすればいい。

外部からネットワーク経由でチップをアップデートできれば世代遅れになる心配もないし、参入障壁の高い製造業が支配する産業構造から、知的財産を生かしたチップデザイナーの時代になる。80年代、90年代というコンピュータの黄金時代を覚えている人たちは、「チップ製造の投資も高くなかったのでエンジニアが挙って（こぞって）オリジナルのチップを設計しては技術を競い合った」と言う。いつの間にか、半導体製造への投資が莫大な金額となり、AIベンチャーも調達した資金のほとんどをTSMCに奪われていくことになった。製造に偏重した価値を、研究開発側にリバランスするべき時が来た。ネットワーク経由でチップ設計をアップデートできる構造にして、チップをサブスクリプション利用する時代になれば、産業障壁は大幅に下がって多くの若者やベンチャー企業が参入して活性化されるだろう。

そして、今まで使い捨てられてきたチップを繰り返し使い、限られた地球の資源を共有し、知財だけで稼いでいくという思想は、環境意識の高い若者にも受け入れられやすい。資源を浪費し、次世代の未来を奪う政治に、私たちは終止符を打たなければならない。

あとがき

青いブリンク

——これからの日本の産業、熊本の環境の未来はどうなるのか。

暗い気持ちで読み終わったかもしれない。ただし、朗報がある。

これまでの公害が起こった時代や日本の産業衰退がはじまったバブル崩壊以降と異なり、いまはソーシャルメディアで人と人がつながりやすい。本を読んだら「終わり」だった時代から、それが「始まり」の時代へと変化したことに目を向けて欲しい。

この社会において何か間違っていることがあれば、テレビやパソコンのモニターに向かってブツブツ文句を言うのだけでなく、自ら情報を収集して政治に働きかけられる時代だ。そんなことでは何も変わらないと思うかもしれないが、それは間違いだ。この国の未来に絶望している人のほとんどは、情報に触れては気を揉むだけ揉んで何もしなかった人たちだ。

「ネットで喋ったり、チラシ配ったりして何が変わるんだ？」という人もいるが、やってみる前に諦めてどうするんだ。子供のころはエレベーターに乗ったら、『このボタンを押して、何が変わるんだ?』なんてことは考えずに、まずは全ての行き先のボタンを押したはずだ。目的地のボタンが故障して、「このエレベーターの全ては終わりだ」と嘆くのは大人だけで、子供は何も考えずにほかのボタンを押すだろう。押せば何かが起こるスイッチが目の前にあるのに、「押しても何にもならないかもしれない」と、押す前に自問自答して嘆くのはそれこそ時間の無駄だ。

地道に政治家や行政に働きかけ、それでも動かないときは世論を起こす啓蒙活動に勤しみ、市民と意識を共有したうえで、さらに政治に働きかけることで、少しは変わることもある。２０２２年12月に熊本市が基本条例改悪案を出してきたときは、いろいろな若手のユーチューバーが呼びかけて、皆でパブリックコメントを出そうと呼びかけた。最終的には１８００通以上のパブリックコメントが熊本市に届いて改悪は免れられた。

テーマは異なるが、ＬＧＢＴ法案で女性の権利が脅かされる条文案が出たときには、「女性と子供の権利保護を」とネットでチラシ配りを呼びかけて、３週間で50万枚のチラシを配布し、１週間で署名は2万５０００筆が集まった。烏合の衆によるモーレツな運動は自民党議員の間でも、話題となった。筆者以外にも運動を展開した人も多く、あまりの反対の声に最終的には法案に、「すべての国民が安心できるように留意する」という留意事項が盛り込まれた。これで、法案施行後も女性は権利を主張できる余地が残った。

なんの政治団体でもなくネットで呼びかけただけ、お互いに名前も知らない者同士が隙間時間に集まってチラシを配る「参加型」運動で、多くの人たちが自分の未来を守るために動いたのだ。政治家から「すごい組織力だ。深田萌絵は何者だ？」と知人に問い合わせがあったが、組織でもなんでもない。来る者を拒まず去る者を追わず、右や左の思想信条、宗教、政党を問わない。縛りなしの自由参加スタイルで、「生物学的女性専用トイレ・風呂・更衣室を維持するためだけに闘おう」と呼びかけただけだ。参加した人に、「配っても何もならないかもしれない」と嘆いた人はいない。「何もしないよりは、何かに賭けてみたい」という人ばかりだった。

参加してくれた方々から、「呼びかけてくれてありがとう。自ら闘う勇気がなくて、誰かやってくれないかなと思っていました」という言葉を頂いて、逆にこちらが驚いた。なぜなら、それをおっしゃる方々は自らの力で闘ったのだから。古い話だが、手塚治虫氏のアニメにおける遺作「青いブリンク」を覚えているだろうか。毎回物語の終盤に差しかかるとピンチに見舞われる弱虫の主人公カケル君に、コバルト色の雷獣ブリンクが「カケル君、勇気をあげるよ」と言って雷球を投げる。それを受け取るとカケル君は、闘う勇気が湧いて強くなるというストーリーだ。この物語のオチは、雷球にそんな力はなく、カケル君自身がキッカケを与えられたことで、自分の強さを信じられるようになっただけだったというものだ。自分を信じられるか否か、それだけの話が大人気となったのだ。

多くの日本人はカケル君のように、「自分は弱い」と思っている。「誰かが先頭を切ってくれたら闘えるけど」というのは思い込みで、「誰か」と一緒なら闘えるということは、そもそもその人のなかに「闘う力」が備わっているということだ。

日本人の権利意識の低さには驚かされる。それは、日本人の国民性ではなく、教育で民主主義とは国民に「投票するだけの権利だ」＝「限定的な政治システムだ」という誤った概念を教えて、その他に与えられた「知る権利」、「自由な言論を行なう権利」、「陳情・請願を行なう権利」、「政治活動を行う権利」など多くの権利を教えないでいるためだ。権利を行使させないために、国民にどんな権利があるのかを教えようとしない教育に大きな問題がある。

日本国民は、大事な地下水をＴＳＭＣに横取りされているのに文句ひとつ言わない、残業代も出ない、工事現場で怪我をしても労災認定してもらえず泣き寝入り。莫大な血税が外資に注がれているのに、「その金は日本企業に出すべきだ」と一言も発しない日本の半導体企業経営者たち。何もしないままに諦めてはいけない。

台湾では、ＴＳＭＣと台湾政府が癒着していることに業を煮やした台湾人らがＡｐｐｌｅ社に環境被害を訴え、中国では中国人が環境基準を守らないＴＳＭＣに対して拡張工事反対運動を起こした。アメリカではアリゾナの労働組合がＴＳＭＣに踏みにじられた労働者の権利を守るために闘っている。諸外国では、権利を求めて声を挙げることは当然のことで、主張する前に「主張しても何もならないかもしれない」とクヨクヨする人はいないし、「自分にそんな力はない」などと言って自分を泣き寝入りさせる人もいない。言ったもん勝ちだとでも言わんばかりに、自分の権利を主張してチャンスを掴もうとしている。「歓迎ムードに波風を立てたくない」なんてくだらないことで泣き寝入りしているのは日本人だけだ。その歓迎ムードすら、政府とメディアが演出したもので、多くは騙されているのである。

残酷な現実だが、この社会に皆さんの代弁者はいない。メディアとコメンテーターは広告主の代弁をしているだけで、皆さんの利益を代弁しているわけではない。本著の執筆陣も、全員が自分の意見を述べているだけで、誰かの代弁をしているわけではない。誰かに任せてはいけない、自分の意見は、自ら表明しないといけないのだ。

勇気がないと言って諦めるのは、相手の思うツボだ。

誰かが勇気を与えてくれたら？　なんて泣き言は要らない。

なぜなら、その勇気は、本当は最初からみんなの心のなかに存在する。それが、手塚治虫がみんなに送り出した最後のメッセージだった。

勇気は貴方の心のなかにある
令和５年10月10日　深田萌絵

深田萌絵（ふかだ・もえ）

ITビジネスアナリスト。Revatron株式会社代表取締役社長。早稲田大学政治経済学部卒。学生時代にファンドで財務分析のインターン、リサーチハウスの株式アナリスト、外資投資銀行勤務の後にリーマンショックで倒産危機に見舞われた企業の民事再生業務に携わった。現在はコンピュータ設計、チップ・ソリューション、AI高速処理設計を国内の大手企業に提供している。著書に『米中AI戦争の真実』（育鵬社）、『ソーシャルメディアと経済戦争』（扶桑社新書）、『メタバースがGAFA帝国の世界支配を破壊する！』（宝島社）、『IT戦争の支配者たち「半導体不足」で大崩壊する日本の産業』（清談社Publico）などがある。You Tube「深田萌絵ＴＶ」更新中！　感想、お問い合わせは、moe.fukada@yahoo.comまで。

光と影のTSMC誘致

2023年11月10日　第1刷発行

著　者　深田 萌絵

発行人　岩尾悟志
発行所　株式会社かや書房
〒162-0805
東京都新宿区矢来町113　神楽坂升本ビル３Ｆ
電話　03-5225-3732（営業部）

印刷・製本　中央精版印刷株式会社

ISBN 978-4-910364-39-1　C0036